5G与AI技术大系

分布式数据库架构
设计与实践

亚信科技（中国）有限公司　编著

清华大学出版社
北京

内 容 简 介

本书第 1、2 章介绍数据库的发展史和现状，讲述分布式数据库的架构，带读者从整体上认识分布式数据库。第 3~5 章着重介绍 AntDB 数据库，对其分布式架构、存储引擎和事务机制等方面进行较为详细的介绍，并且结合实际案例进行说明。第 6、7 章主要介绍分布式数据库的高可用性方案，以及线下实际应用案例，并对高可用性方案的设计进行说明，同时对分布式数据库技术未来的发展进行展望。

本书不是分布式数据库的入门书，适合熟悉数据库理论和概念的读者阅读。对于研发人员，可以将本书作为案头参考书，在日常研发中遇到问题时，可随时借鉴书中内容，快速解决问题。

图书在版编目（CIP）数据

分布式数据库架构设计与实践 / 亚信科技（中国）有限公司编著 . —北京：清华大学出版社，2022.8

（5G 与 AI 技术大系）

ISBN 978-7-302-61630-6

Ⅰ . ①分…　Ⅱ . ①亚…　Ⅲ . ①分布式数据库－数据库系统　Ⅳ . ① TP311.133.1

中国版本图书馆 CIP 数据核字 (2022) 第 144256 号

责任编辑：王中英
封面设计：王　辰
责任校对：胡伟民
责任印制：刘海龙

出版发行：清华大学出版社
　　　　网　　　址：http://www.tup.com.cn，http://www.wqbook.com
　　　　地　　　址：北京清华大学学研大厦 A 座　　　　邮　　编：100084
　　　　社 总 机：010-83470000　　　　邮　　购：010-62786544
　　　　投稿与读者服务：010-62776969，c-service@tup.tsinghua.edu.cn
　　　　质 量 反 馈：010-62772015，zhiliang@tup.tsinghua.edu.cn
印 装 者：北京同文印刷有限责任公司
经　　销：全国新华书店
开　　本：170mm×240mm　　　印　　张：17.5　　　字　　数：325 千字
版　　次：2022 年 10 月第 1 版　　　印　　次：2022 年 10 月第 1 次印刷
定　　价：89.00 元

产品编号：094293-01

丛书序

2019 年 6 月 6 日，工信部正式向中国电信、中国移动、中国联通和中国广电四家企业发放了 5G 牌照，这意味着中国正式按下了 5G 商用的启动键。

三年来，中国的 5G 基站装机量占据了世界总量的 7 成，地级以上城市已实现 5G "全覆盖"；近 5 亿 5G 终端连接，是全世界总量的 8 成；中国的 5G 专利数超过了美日两国的总和，在全球遥遥领先；5G 在工业领域和经济社会各领域的应用示范项目数以万计……

三年来，万众瞩目的 5G 与人工智能、云计算、大数据、物联网等新技术一起，改变个人生活，催生行业变革，加速经济转型，推动社会发展，正在打造一个"万物智联"的多维世界。

5G 带来个人生活方式的迭代。更加畅快的通信体验、无处不在的 AR/VR、智能安全的自动驾驶……这些都因 5G 的到来而变成现实，给人类带来更加自由、丰富、健康的生活体验。

5G 带来行业的革新。受益于速率的提升、时延的改善、接入设备容量的增加，5G 触发的革新将从通信行业溢出，数字化改造得以加速，新技术的加持日趋显著，新的商业模式不断涌现，产业的升级将让千行百业脱胎换骨。

5G 带来多维的跨越。C 端消费与 B 端产业转型共振共生。"4G 改变生活，5G 改变社会"，5G 时代，普通消费者会因信息技术再一次升级而享受更多便捷，千行百业的数字化、智能化转型也会真正实现，两者互为表里，互相助推，把整个社会的变革提升到新高度。

近三年是 5G 在中国突飞猛进的三年，也是亚信科技战略转型升级取得突破性成果的三年。作为中国领先的软件与服务提供商、领先的数智化全栈能力提供商，亚信科技紧扣时代发展节拍，积极拥抱 5G、云计算、大数据、人工智能、物联网等先进技术，积极开展创造性的技术产品研发演进，与业界客户、合作伙伴共同建设 5G+X 的生态体系，为 5G 赋能千行百业、企业数智化转型、产业可持续发展积极做出贡献。

在过去的三年中，亚信科技继续深耕通信业务支撑系统（Business Supporting System，BSS）的优势领域，为运营商的 5G 业务在中华大地全面商用持续提供强有力的支撑。

亚信科技抓住 5G 带来的 B & O 融合的机遇，将能力延展到 5G 网络运营支撑系统（Operation Supporting System，OSS）领域，公司打造的 5G 网络智能化产品在运营商中取得了多个商用局点的突破与落地实践，帮助运营商优化 5G 网络环境，提升 5G 服务体验，助力国家东数西算工程实施。

亚信科技在数字化运营——软件驱动即服务（Data-Driven Software as a Service，DSaaS）这一创新业务板块也取得了规模化突破。在金融、交通、能源、政府等多个领域，帮助行业客户打造"数智"能力，用大数据和人工智能技术，协助其获客、活客、留客，改善服务质量，实现行业运营数字化转型。

亚信科技在垂直行业市场服务领域进一步拓展，行业大客户版图进一步扩大，公司与云计算的多家主流头部企业达成云 MSP 合作，持续提升云集成、云 SaaS、云运营能力，并与其一起，帮助邮政、能源、政务、交通、金融、零售等百余个政府和行业客户上云、用云，降低信息化支出，提升数字化效率，提高城市数智化水平，用数智化手段为政企带来实实在在的价值提升。

亚信科技同时积极强化、完善了技术创新与研发的体系和机制。在过去的三年中，多项关键技术与产品获得了国际和国家级奖项，诸多技术组合形成了国际与国家标准。5G+ABCDT 的灵动组合，重塑了包括亚信科技自身在内的行业技术生态体系。"5G 与 AI 技术大系"丛书是亚信科技在过去几年中，以匠心精神打造我国 5G 软件技术体系的创新成果与科研经验的总结。我们非常高兴能将这些阶段性成果以丛书的形式与行业伙伴们分享与交流。

我国经历了从2G落后、3G追随、4G同步，到5G领先的历程。在这个过程中，亚信科技从未缺席。在未来的 5G 时代，我们将继续坚持以技术创新为引领，与业界合作伙伴们共同努力，为提升我国 5G 科技和应用水平，为提高全行业数智化水准，为国家新基建贡献力量。

2022 年 9 月于北京

前　言

随着传统数据库技术的日趋成熟、计算机网络技术的飞速发展和应用范围的扩充，数据库应用已经普遍建立在计算机网络之上。随着业务对大数据技术需求的不断演变，集中式数据库系统逐渐表现出它的不足，分布式数据库在整个互联网生态圈中的地位愈加重要，必将成为大数据技术发展的又一个核心。

AntDB 是亚信科技打造的一款可扩展、多租户、高可用、高性能、低成本、国产自主、安全可靠且对业务透明的分布式金融级大规模并行处理关系数据库产品。它采用 MPP 架构融合事务处理和在线分析操作，具备先进的数据治理和数据安全特性，支撑亿级用户，提供 PB 级别数据处理能力，高度兼容 Oracle 产品特性。所有数据库源码已经开源，读者可以自行下载安装本数据库。

本书的作者包括浙江移动的王晓征，亚信科技的洪建辉、顾鸿翔、董朝晖、邢小强、马珊珊、余秀明、李森、顾宝华等。本书可作为大数据专业、软件技术专业、信息管理专业、计算机网络专业的教材，也可作为数据库爱好者的参考书。

分布式数据库发展极迅速，目前已成为一个广阔的学科，罕有人士能对其众多分支领域均有精深理解。笔者自认才疏学浅，仅略知皮毛，更兼时间和精力所限，书中错谬之处在所难免，若蒙读者诸君不吝告知，将不胜感激。

目　录

第 **1** 章　数据库的发展与现状

1.1　数据库的定义和分类

在人类进入计算机时代时，"数据库"这个名词就出现在人们的生活中了，可以说，数据库的发展与计算机的发展密不可分。不论是最早的单机形式的"孤岛"信息技术，还是随着信息技术的不断发展而带来的生活剧变，或是云计算、5G时代，等等，几乎各行各业都离不开数据库。

如图1-1所示，在计算机发展进程中，从最早应用于大型机的层次数据库，到现在如火如荼的云数据库，数据库发展和迭代的脚步从未停止。

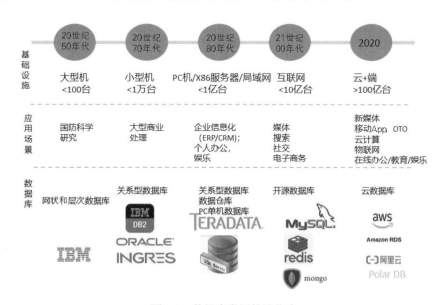

图 1-1　数据库发展的进化史

1.1.1 网状和层次数据库

数据库诞生之前，几乎所有的数据都是通过传统文件系统来管理的，效率不高，但是在当时不发达的通信环境下，勉强能满足需求。在讲解网状和层次数据库之前，先简单了解一下什么是数据库。

数据库系统的前身是基于文件的数据管理系统，由应用程序来定义和管理数据。最早的时候，数据和应用耦合度高，但人们发现这样的方式存在诸多的缺陷，从而希望将数据与应用持续分离、独立存储、统一管理和统一访问。数据库（Database）和数据库管理系统（DBMS）的概念就应运而生了。

1961 年至 1963 年，美国通用电气公司的 Charles Bachman 等人开发出世界上第一个 DBMS，网状和层次数据库就此诞生。网状和层次数据库的诞生，对当时的信息系统产生了广泛而深远的影响，解决了层次结构无法对更复杂的数据关系建模的问题。

在数据库的发展史上，网状和层次数据库占有重要的地位。这种"前关系型数据库"阶段的 DBMS 解决了数据的独立存储、统一管理和统一访问的问题，实现了数据和程序的分离。但由于缺少被广泛接受的理论基础，加之属于新产生的一种软件系统，即便是对记录进行简单的访问，仍然需要编写复杂的程序去实现，故使用起来不是很方便。

1.1.2 关系数据库

1. SQL 确立了关系型数据库的时代

随着时间的推移和数据库功能的演进，一种更先进的数据库正在形成。1970 年，IBM 实验室的 Edgar Frank Codd 发表了一篇名为《大型共享数据库数据的关系模型》论文，提出基于集合论和谓词逻辑的关系模型，为关系型数据库的发展奠定了理论基础。

1978 年，美国软件开发实验室（Software Development Laboratories，SDL）发布了 Oracle 的第一个版本，紧接着在 1980 年后，关系型数据库进入商业化时代。

值得一提的是，我国的关系型数据库在 20 世纪 70 年代诞生，1977 年 11 月，中国计算机学会在黄山召开了第一次数据库年会，标志着我国数据库理论研究的正式开始。接着在 20 世纪的 80 年代，关系型数据库进入商业化时代，在此后相当长的时间里，耳熟能详的 IBM 的 Informix、DataBase2（DB2）相继成立，Oracle 也依次发布了第四和第五个版本，使它的产品更加稳定。1986 年，美国国家标准局（ANSI）数据库委员会批准 SQL 作为数据库标准语言，随后国际标准化组织（ISO）也决定对 SQL 进行标准化规范并不断更新，使 SQL 成为关系型数据库的主流语言，这对数据库技术发展方向产生重大影响。此后相当长的一段时间内，不论是微机、小型机还是大型机，不论是哪种数据库系统，都采用 SQL 作为数据存取语言，各个公司也纷纷推出各自支持 SQL 的软件或接口。

2. 后关系型数据库的需求产生

随着信息技术不断进步，各行业领域对数据库技术提出了更多需求，产生了一批后关系型数据库。主要有以下特征：

- 支持数据管理、对象管理和知识管理。
- 保持和继承了关系型数据库系统的技术。
- 对其他系统开放，支持数据库语言标准，支持标准网络协议，有良好的可移植性、可连接性、可扩展性和互操作性等。

后关系型数据库支持多种数据模型，如时序数据、图数据等，并与诸多新技术，如云计算、人工智能、区块链等融合发展，广泛应用于商业智能、地理信息系统、知识图谱等领域，并由此衍生出多种数据库技术方向。

后关系型数据库时代是对传统关系型数据库的补充和完善，当关系型数据库能解决绝大部分的 SQL 类查询问题后，后关系型数据库能够在剩余的 XML、图像等非结构化领域发挥作用。

1.1.3 NoSQL数据库

尽管关系型数据库系统技术已经相对成熟，能很好地处理表格类型数据，但面对业界出现的越来越庞大和复杂的数据类型，如文本、图像、视频等，处理起来就显得力不从心。尤其是步入互联网 Web 2.0 和移动互联网时代后，许多互联网应用表现出高并发读写、海量数据处理、数据结构不统一等特点，关系型数据库并不能很好地支持这些场景。另外，非关系型数据库有着高并发读写、数据高可用性、海量数据存储和实时分析等特点，能较好地支持这些应用的需求。因此，一些非关系型数据库也开始兴起。

为了解决大规模数据集合和多种数据类型带来的挑战，NoSQL 数据库应运而生。NoSQL 一词最早出现于 1998 年，是 Carlo Strozzi 开发的一个轻量、开源、不提供 SQL 功能的数据库。

下面介绍 NoSQL 数据库中的图数据库。

图数据库作为 NoSQL 数据库的一员，其历史可以追溯到 20 世纪 60 年代的 Navigational Database，当时 IBM 也开发了类似树结构的数据存储模型。经过 30 多年的漫长发展，其间出现过可标记的图形数据库 Logic Data Model。直至 21 世纪初，具有 ACID 特性的里程碑式图数据库产品如 Neo4j、Oracle Spatial 和 Graph 才被开发出来并商业化。2010 年后，可支持水平扩展的分布式图数据库开始兴起。

图数据库应用图形理论存储实体之间的关系信息。最常见的例子就是社会网络中人与人之间的关系，如图 1-2 所示。使用传统关系型数据库（RDBMS）存储社交网络数据的效果并不理想，难以查找及深度遍历大量复杂且互相连接的数据，响应时间长得超出忍耐限度，而图数据库的特点恰到好处地填补了这一短板。作为 NoSQL 的一种，图数据库很长一段时间都局限于学术与实验室，它利用圈的顶点和边来表示要素以及各要素之间的关系。随着社交网络、电子商务以及资源检索等领域的发展，急需一种可以处理复杂关联的存储技术，而采用图数据库组织存储、计算分析挖掘低结构化且互相连接的数据则更为有效，

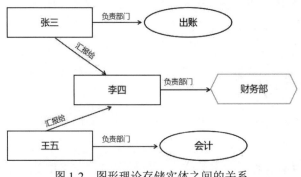

图 1-2　图形理论存储实体之间的关系

因此图形数据库得以逐渐从实验室走出，同时也反过来极大地推动了图形数据库的飞速发展。图数据库依托图论为理论基础，描述并存储了图中节点与其之间的关系。国内外基于图论数据挖掘展开的工作分为图的匹配、关键字查询、图的分类、图的聚类和频繁子图挖掘问题等五个方面。

1.1.4　分布式数据库

1. 什么是分布式数据库

随着互联网以及数字化业务在国内的蓬勃发展，数据库作为核心能力组件，越来越多地被人们提及和讨论。其实，数据库发展的初衷有两个：把数据存下来；满足对数据的查询、更改和计算需求。

在早期阶段，这两个需求其实并不难满足，简单的单机数据库就能够满足读写需求，但是随着金融和互联网行业的高速发展，人们觉得这种单机的数据库已经不够用了，原因是数据量越来越大，查询的复杂度、关联度要求越来越高，连保存数据也变得十分困难，这个时候能够随机动态扩展数据节点以满足业务需求，就十分有必要了，分布式数据库应运而生。

业界认为的分布式数据库技术，有别于集中式数据库，是指能够水平扩展其存储节点，并具备统一的分布式节点全局事务能力，而业务用户使用中无感知的一种现代数据库技术。

分布式数据库在应用系统中的架构如图 1-3 所示，数据库中应用 App 通过协议交互与底层数据库中数据进行读写操作，而分布式数据库可以将数据通过分片或分区算法分布到不同的服务器集群或云中。

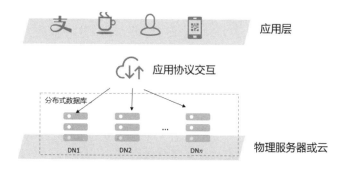

图 1-3　分布式数据库在应用系统中的架构示意

关于分布式数据库的特点和功能，后面的章节会做详细介绍，这里就不再赘述。

2. 分布式数据库架构

1）分布式数据库 AntDB 的架构

AntDB 是一款成熟的分布式数据库产品，其架构示意图如图 1-4 所示。

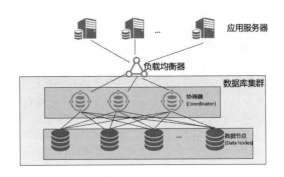

图 1-4　AntDB 架构示意图

AntDB 与大多数数据水平拆分的方案应用一样，把表中的数据通过 Hash 算法切片到各台机器上，应用服务器通过负载均衡器把 SQL 请求发送到协调器，每个协调器对外表现都是等同的，协调器与底层的各个数据节点相连接。

AntDB 的架构有如下特点：

（1）基于该架构实现集群。

● 可以使用客户端及驱动无差别地连接到这种分布式架构上。客户端与该架构是完全兼容的。

（2）并不是架构在数据库之上的中间件。

● 通过修改源代码实现的数据库集群，并不是一些架构在数据库之上的中间件。

● 实现了全局事务，是数据具有强一致性。

（3）对称集群。

● 无中心节点，SQL 可以发送给任意一台协调器，可扩展性比较好。

● 可以读写任意节点，结果都是一样的。

● 在整个集群上实现了 ACID，所以读任意节点看到的结果都是一致的。

（4）线性扩展读和写。

● 与读写分离的方案不同，AntDB通过增加节点，不仅可以扩展读的性能，还能扩展写的性能。

2）其他分布式数据库架构浅析

国内也有几家数据库厂商采用和 AntDB 一样的架构，比较典型的有腾讯的 TBase、华为的 GaussDB 300 等。

（1）腾讯的 TBase。TBase 是腾讯数据平台团队基于 PostgreSQL 研发的数据库，支持 HTAP（Hybrid Transaction and Analytical Process），主要由协调节点、数据节点和全局事务管理器（GTM）组成。特点如下：

● 分布式事务支持RC和RR两个隔离级别。

● 支持高性能分区表，数据检索效率高。

● SQL语法兼容SQL2003标准，也支持PostgreSQL语法和Oracle主要语法。

（2）华为的 GaussDB 300。GaussDB 300 由华为研发，也是基于开源 PostgreSQL 研发的，支持 HTAP，支持 SQL92、SQL99 和 SQL2003 语法，并且支持提供存储过程、触发器、分页等。目前应用于招商银行、工商银行和民生银行，2021 年 3 月华为宣布 GaussDB 300 数据库完全开源。

1.1.5 云数据库

数据库的发展顺应场景需求的不断变化，现在的传统单机或集群版的数据库显然已不能满足互联网时代的需求。再者，随着在线业务的不断推进，云计算技术已经得到大众的认可。不论公有云、私有云或混合云，多租户的数据隔离需求越发明显，一般数据库已无法满足。

为此，以阿里云为代表的厂商，开发出了 PolarDB 等云数据库产品，其产品特性包括基础资源管理层、平台功能层、用户接入层，其中基础资源管理层包括物理机、虚拟机、存储、虚拟网络等，平台功能层为用户提供实例配置、诊断优化、弹性升降级等功能，用户接入层提供在线购买、控制台、数据迁移和 Open API 等面向用户的功能。

云数据库的兴起与时代背景息息相关，我国目前处于"数字化转型"的关键时期,各项业务如"数字化城市""数字化政府"等建设正如火如荼进行,随之催生了云计算作为底座的数字化建设模式,以阿里、腾讯和华为为代表的云厂商正大力推广全国范围的云部署,因此数据库产品也会随云计算的推广而逐渐普及。与传统数据库相比,云数据库利用云计算的特性,在"计算与存储分离"、"多租户"、虚拟的弹性扩容能力等方面,都有着不错的能力。另外,云数据库的销售和使用方式也已十分方便,摆脱了传统服务器部署的桎梏,数据库使用者只需购买"云数据库服务"即可完成安装,例如 PolarDB 提供的云数据库服务支持用户选择购买"包年、包月"和"流量计费"等方式,用户不再需要考虑服务器的配置和机房等问题,甚至连运维的 DBA 人员也由云数据库厂商提供,数据库系统变成了"云服务"。

1.1.6　时序数据库

1. 时序数据库的定义

时序数据,从定义上来说,就是一串按时间维度索引的数据。时序数据用于描述一个物体在历史的时间维度上的状态变化信息,而对于时序数据的分析,就是尝试掌握并把控其变化规律的过程。

随着物联网、大数据和人工智能技术的发展,时序数据呈现爆发式的增长。而为了更好地支持这类数据的存储和分析,在市场上衍生出了多种多样的新兴的数据库产品。这类数据库产品的研发都是为了解决传统关系型数据库在时序数据存储和分析上的不足,这类产品被统一归类为时序数据库(Time Series Database,TSDB)。

如图 1-5 所示,世界上主要的时序数据库厂商的发展情况。

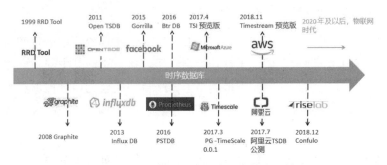

图 1-5　世界主要时序数据库厂商的发展情况

可以从以下三个不同时期来理解时序数据库：

1）第一代时序数据库存储系统

第一代时序数据典型来源于监控领域，直接基于文本文件的简单存储工具成为这类数据的优先存储方式。

以 RRD Tool、Whisper 为代表，通常这类系统处理的数据模型比较单一，单机容量受限，并且内嵌监控告警方案。

2）基于通用存储的时序数据库

伴随着大数据和 Hadoop 的发展，时序数据量开始迅速增长，系统业务对处理时序数据的扩展性等方面提出更多的要求。基于通用存储而专门构建的时间序列数据库开始出现，它可以按时间间隔高效地存储和处理数据，如 OpenTSDB、KairosDB 等。这类时序数据库在继承通用存储优势的基础上，利用时序的特性规避部分通用存储的劣势，并且在数据模型、聚合分析等方面做了贴合时序的创新。比如 OpenTSDB，继承了 HBase 的宽表属性，结合时序设计了偏移量的存储模型，利用 Salt 缓解了热点问题等。

然而它也有诸多不足之处，比如低效的全局 UID 机制，聚合数据的加载不可控，无法处理高基数标签查询等。

3）垂直型时序数据库

进入 IoT 时代后，数据的来源越来越丰富，大部分都来自铺天盖地的传感器等终端设备，同时 Docker、Kubernetes、微服务等技术也发展起来，时序数据库终于步入了新的时期。在数据量随着时间而增长的过程中，时间序列数据成为增长最快的数据类型之一。高性能、低成本的垂直型时序数据库诞生，以 InfluxDB 为代表的具有时序特征的数据存储引擎逐步引领市场。它们通常具备更加高级的数据处理能力、高效的压缩算法和符合时序特征的存储引擎。比如 InfluxDB 基于时间的 TSMT 存储、Gorilla 压缩、面向时序的窗口计算函数、rate、自动 rollup 等。同时由于索引分离的架构，在膨胀型时间线、乱序等场景下依然面临着很大的挑战。

2. 时序数据库的特性

A Time Series Database (TSDB) is a software system that is optimized for handling time series data，arrays of numbers indexed by time (a datetime or a datetime range)。

以上是维基百科对于时序数据库的定义，可以将其拆解为三个方面去理解：时序特性、数据特性、数据库特性。

- 时序特性：时间戳（Timestamp）是指在时序数据上自带的时间点，而且后续不能进行修改，比如某辆卡车通过某红绿灯时的时间点。通用的业务场景内为秒或毫秒级别，在一些遥感等高频采集数据领域，时间戳可以达到纳秒级别。

- 数据特性：数据顺序追加、可多维关联；通常高频访问热数据、冷数据需要降维归档；数据主要覆盖数值、状态和事件。

- 数据库特性：写入速率稳定并且远远大于读取速率；按照时间窗口访问数据，极少更新；存在一定窗口期的覆盖写、批量删除；具备通用数据库要求的高可用、高可靠、可伸缩特性；通常不需要具备事务的能力。

一方面由于时序数据库的时间属性，即随着时间的推移不断地产生新的数据；另一方面，时序的数据量巨大，每秒钟可能要写入千万、上亿条数据。这两方面的特性使得时序数据库经常应用在以下业务需求中：

（1）获取最新状态，查询最近的数据（例如传感器最新的状态）。

（2）展示区间统计，指定时间范围，查询统计信息，例如平均值、最大值、最小值、计数等。

（3）获取异常数据，根据指定条件筛选异常数据。

适用的业务场景：

- 监控软件系统：虚拟机、容器、服务、应用。

- 监控物理系统：水文监控、制造业工厂中的设备监控、与国家安全相关的数据监控、通信监控、传感器数据监控，以及血糖变化、血压变化、心率变化等。

- 资产跟踪应用：汽车、卡车、物理容器、运货托盘。

- 金融交易系统：传统证券、新兴的加密数字货币。

- 事件应用程序：跟踪用户、客户的交互数据。

- 商业智能工具：跟踪关键指标和业务的总体健康情况。

● 互联网行业：也有着非常多的时序数据，例如用户访问网站的行为轨迹，应用程序产生的日志数据等。

学习到这里，肯定会有许多读者产生疑问：传统关系型数据库加上时间戳一列，不就能成为时序数据库了吗？诚然，在数据量少的时候，这样做问题不大。但是时序数据往往是由百万级甚至千万级的 IoT 终端设备产生，数据量巨大，同时写入并发量非常高，属于海量数据场景。并且数据模型也不太一样，举一个例子来说明时序数据库的数据模型（在某些时序数据库中称谓可能有所不同），模型示例如图 1-6 所示。

● Measurement/Metric：度量的数据集，类似于关系型数据库中的 table。

● point：数据点，类似于关系型数据库中的 row。

● timestamp：时间戳，表示采集到数据的时间点。

● tag：维度列，代表数据归属、属性，表明是哪个设备/模块产生的，一般不随时间变化，仅供查询使用。

● field：指标列，代表数据的测量值，随时间平滑波动，不需要查询。

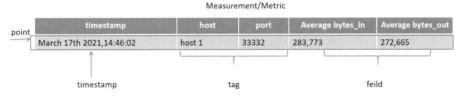

图 1-6　时序数据库数据模型示例

目前大致可以将时序数据库的特点简单总结为以下几点：

● 高吞吐量写入：这是针对时序业务持续产生海量数据而作的基本要求，所以系统必须具有水平扩展的能力，而且扩容时，业务必须无感知。

● 数据分级存储：这是针对时序数据冷热性质作的要求。由于数据量太大，分级存储要对最近小时级别的数据放在内存中，将最近天级别的数据放在 SSD 中，更久远的数据放在廉价的 HDD 或直接 TTL 过期淘汰。

● 高压缩率：这个有两方面的考虑，一方面是节约成本，这个很容易理解；另一方面，是因为压缩后的数据可以更容易地保存到内存中，比如需要查询近两小时的数据，如果能将数据保存到内存中，那么查询速率会比被迫放在硬盘中更快，开销也更小。

● 多维度查询：时序数据通常会由多个维度的标签来刻画一条数据，上文也提到了维度列tag。

● 高效聚合：时序业务数据需要进行一个聚合操作的报表类查询，比如查询某个视频卡口异常总次数与总时间的对比，这需要将久远的数据进行聚合然后分析等。

目前流行的数据库产品有 Influx DB、OpenTSDB、Prometheus 和 Graphite 等，如果将它们的性能进行对比，可以简单归纳为表 1-1。

表 1-1　开源时序数据库能力对比

	InfluxDB	Prometheus	Graphite	OpenTSDB
数据模型	Labels	Labels	Dot-separated	Labels
是否支持按时间分段管理数据	支持	支持	支持	支持
是否为分布式	商业版是；免费版不是	不是	不是	是
聚合分析能力	弱	弱	弱	弱
是否支持权限管理	商业版支持；免费版不支持	不支持	不支持	不支持
接口类型	类 SQL	REST	REST	REST
社区生态（＊越多级别越高）	＊＊＊	＊＊	＊＊	＊＊
是否包含时间序列分析	无	无	无	无
是否支持抽取日志标志	不支持	不支持	不支持	不支持
是否支持 Rollup	支持	不支持	支持	不支持

以上这几款较流行的时序数据库中，InfluxDB 和 OpenTSDB 支持分布式，因此也相对更受欢迎。但是目前这些时序数据库存在一个共同的缺点：聚合分析能力弱，对于 IoT 场景的数据分析和预测能力存在短板。

● InfluxDB：开源的单机时序数据库，由Go语言编写，无须特殊的环境依赖，简单方便。采用独有的TSMT结构实现高性能的读写。分布式需要商业化支持。

- Prometheus：将所有采集到的样本数据以时间序列（time-series）的方式保存在内存数据库中，并且定时保存到硬盘上。需要远端存储来保证可靠和扩展性。

- Graphite：开源实时的、显示时间序列度量数据的图形系统。Graphite并不收集度量数据本身，与其他时序数据库的区别在于Graphite的主要作用是存储和聚合监控数据并绘制图标，不负责数据的收集。Graphite保持内建的Web界面，它允许用户浏览度量数据和图。它由多个后端和前端组件组成。后端组件用于存储数值型的时间序列数据，前端组件则用于获取指标项数据并根据情况渲染图表。

- OpenTSDB：是一个分布式的、可伸缩的时间序列数据库。引入metric、tags等概念设计了一套针对时序场景的数据模型，底层采用HBase作为存储，利用时序场景的特性，采用特殊的rowkey方式，来提高时序的聚合和查询能力。

前文已经介绍了时序数据库的定义、特性和发展史，时序数据库是跟时序数据息息相关的特殊数据库。不断成熟的 5G 技术结合物联网技术，将会实现万物互联，届时成千上万的物联网终端每时每刻都会产生海量的按照时间序列组织的数据。可以预见，时序数据库在不久的将来定会大有可为。

接着便可以基于时序数据库提供的数据能力，对未来的事件进行一个预测，而预测能力将会是时序数据库最耀眼的特色。

可以做以下方面的预测：

- 未来某只股票的价值。

- 交通节点在某个节日的车辆通过流量。

- 下一年度可能出售商品的数量。

- ……

时序数据库产生的时间还十分短暂，做得好的时序数据库也不过几年的光景，要实现未来在诸多场景中的应用，当前似乎还需要解决实现以下能力：

- 高吞吐量写入能力：水平扩展能力，对于海量数据，能在业务无感知的前提下，快速扩展、扩容、节点；另外需要有高可靠的数据写入结构，超高的写入性能。

- 高效查询能力：如果能将尽可能大的数据，例如1TB的数据量放入内存内而不是存入目前的硬盘中，那么查询性能将提升很多，这在时序数据查询上有很高的要求。

- 高效聚合能力：目前业界比较成熟的方案是使用预聚合，就是在数据写入的时候就完成基本的聚合操作。但是未来的时序数据聚合，并不是简单的聚合，而是会随着场景变得更智能，对于聚合数据的分析能力也要求更高。

1.1.7 NewSQL数据库

1. NewSQL 数据库的定义

在 NewSQL 出现之前，SQL 已经逐步被应用在了更广泛的领域，因此，SQL 已不再是 RDBMS 的专属特征，NoSQL 技术体系中也引入了 SQL 能力，由此而演变出来的 Not-Only-SQJL 的概念，虽有自圆其说之嫌，但的确给出了更合理的解读。无论如何，"open source,distributed,non relational databases"关于大多数 NoSQL 技术边界的定义，也依然是合理的，只是，"open source"是一个可选特征，而"distributed"（分布式）以及"non relational"（非关系型）却是典型 NoSQL 技术的基本特征。大多数 NoSQL 技术弱化了对 ACID 语义以及复杂关联查询的支持，采用了更加简洁或更加专业的数据模型，优化了读写路径，从而能够换取更高的读写性能。

NewSQL 可以说是传统 RDBMS 与 NoSQL 技术结合的产物。以下是维基百科对 NewSQL 的定义。

NewSQL is a class of modern relational database management systems that seek to provide the same scalable performance of NoSQL systems for online transaction processing （OLTP）read-write workloads while still maintaining the ACID guarantees of a traditional database system.

根据上面的定义，可以将典型的 NewSQL 技术理解为一个全新的分布式数据库，能够支持分布式事务是一个基本前提。NoSQL 与 NewSQL 在技术栈上有很多重叠，但在是否支持关系型模型及对复杂事务的支持力度上是存在明显区别的。需求才是数据库发展演进的真实动力，作为最新的数据库类型，

NewSQL 是对各种新的可扩展 / 高性能数据库的简称，这类数据库不仅具有 NoSQL 对海量数据的存储管理能力，还保持了传统数据库支持 ACID 和 SQL 等的特性。

2. NewSQL 数据库的特性

NewSQL 提供了与 NoSQL 相同的可扩展性，而且仍基于关系模型，还保留了极其成熟的 SQL 作为查询语言，保证事务的 ACID 特性。简单地讲，NewSQL 就是在传统关系型数据库上集成了 NoSQL 强大的可扩展性。

值得一提的是，传统的 SQL 架构设计基因中是没有分布式的，而 NewSQL 生于新时代，所以天生就是分布式架构。

以下简单地概括一下 NewSQL 的主要特性：

● SQL 支持，支持复杂查询和大数据分析。

● 支持 ACID 事务，支持隔离级别。

● 弹性伸缩，扩容缩容对于业务层完全透明。

● 高可用，自动容灾。

对传统 SQL、NoSQL 和 NewSQL 对比总结，可以得到表 1-2。

表 1-2　数据库对比

	传统 SQL	NoSQL	NewSQL
是否为关系模型	是	否	是
是否支持 SQL 语句	是	否	是
是否支持 ACID	是	否	是
是否支持水平扩展	否	是	是
是否支持大数据	否	是	是
是否支持无结构化	否	是	否

由表 1-2 可以看出，NewSQL 属于时代进化的产物，功能几乎结合了传统 SQL 与 NoSQL 的集中优势。

1.2　国产数据库行业

1.2.1　国产数据库行业发展历程

1. 国产化产业诞生的背景

改革开放四十余年，尤其 2001 年 12 月中国加入世界贸易组织后，得益于全球产业转移、技术转移和自主创新，中国建立了比较完整的工业体系和高效的产业网络，逐渐成为"世界的工厂"，生产的工业产品能够满足全世界绝大部分的需求。2000 年以前，中国的出口产品主要是轻纺化工制品、农产品和一些重型机械产品。随着电子信息技术的发展，以及对全球先进信息技术的引进，在 2000 年以后，快速发展的移动互联网、大数据、人工智能等新兴技术将中国的人口优势转化为数据优势、市场优势，快速提升着其在技术应用领域的创新能力，目前中国的社交软件、电子商务、网络支付、网络约车等应用已引领全球。

然而，国之重器、产业核心并不是下游的应用技术，而是上游的底层支撑技术。发达国家的技术创新之路也并不是产业转移，而是产业升级。

这给中国敲响了警钟：中国在信息技术底层标准、架构、生态掌控力等方面非常薄弱，这势必会成为中国信息产业发展的掣肘。在这样的环境和气氛背景下，2019 年，一个全新的产业——中国信息国产化产业就此诞生。国产化产业，即信息技术应用创新产业，旨在实现信息技术领域的自主可控，保障国家信息安全。其核心是建立自主可控的信息技术底层架构和标准，在芯片、传感器、基础软件、应用软件等领域实现国产替代。国产化产业是数字经济、信息安全发展的基础，也是"新基建"的重要内容，将成为拉动我国经济增长的重要抓手之一。

2. 国产化数据库行业的发展

作为国产化内容之一的基础软件，数据库的自主可控已经被提上日程。据不完全统计，至今全国各类数据库厂商有上百家，根据应用业务类型的不同可以将它们的数据库产品统计为表 1-3。

表 1-3 根据应用业务类型统计数据库产品

产品名称	类型	典型应用或主要场景	所属组织
Aglior	时序数据库	工业控制	中科启信
AiDB	关系型数据库	金融	爱可生
AliSQL	云数据库	云服务	阿里云
AnalyticDB	分析型数据库	数据挖掘	阿里云
AntDB	关系型数据库	电信	亚信
ArgoDB	内存数据库	大数据分析	星环
ArkDB	云数据库	电信	极数云舟
BC-RDB Hybrid	分析型数据库	数据分析	中移苏研
BeyonDB	空间数据库	空间信息管理	博阳世通
BGraph	图数据库	知识图谱、金融	百度在线
CirroData	分析型数据库	金融、电信	东方国信
Cedar	关系型数据库	学院研究型	华东师大
CloudTable	表格存储服务	云服务	华为云
CTSDB	时序数据库	工业物联网	腾讯云
CTREE Shard	关系型数据库	金融、开源	爱可生
DB2	关系型数据库	电信、金融	IBM
DM	关系型数据库	能源、政务、国防	达梦
DMTDD	分布式数据库	能源、政务	达梦
DMCDB	云数据库	云服务	达梦
DolphinDB	时序数据库	工业物联网	浙江智臾
DorisDB	分析型数据库	互联网	鼎石纵横
DragonBase	云数据库	云服务	金山云
EsgynDB	关系型数据库	金融	易鲸捷
ESP-iSYS	实时数据库	工业控制	浙江中控
Galaxybase	图数据库	知识图谱	创邻
Gbase 8s	事务型数据库	能源、政务、金融	南大通用
Gbase 8a	分析型数据库	电信、金融、政务	南大通用
GaussDB（DWS）	分析型数据库	金融、电信	华为云
OpenGauss	事务型数据库	开源	华为云

产品名称	类型	典型应用或主要场景	所属组织
GDB	图数据库	社交、零售	阿里云
GDM	图数据库	社交、零售	达梦
GeaBase	图数据库	社交、零售	蚂蚁金服
GeminiDB	文档数据库	游戏、互联网	华为云
GoldenDB	关系型数据库	金融	中兴通讯
Goldilocks	关系型数据库	金融、电信、能源、交通	科蓝软件
GraphDB	图数据库	社交、零售	阿里云
GaiaDB-X	云数据库	互联网	百度云
GreatDB	关系型数据库	电信	万里开源
Gridsum ZETA PDW	分析型数据库	数据分析	国双科技
gStore	图数据库	学院研究型	北京大学
HashData	分析型数据库	数据仓库	酷克数据
HHDB	关系型数据库	国防、安保	恒辉信达
HighGoDB	关系型数据库	政务	瀚高
HiRIS	时序数据库	工业控制	和利时
HotDB	关系型数据库	金融、电信	热璞网络
HuaBase	列存数据库	学院研究型	清华大学
Hubble	分析型数据库	数据分析	天云融创
HugeGraph	图数据库	开源	百度在线
HybridDB	分析型数据库	数据分析	阿里云
K-DB	关系型数据库	政务	浪潮
KingbaseES	关系型数据库	金融、电力、电信、政务	人大金仓
KRDS	关系型数据库	云服务	金山云
KingRDB	时序数据库	工业控制	亚控科技
Kingwow	关系型数据库	金融	丛云
KonisGraph	图数据库	云服务、社交	腾讯云
KDRDS	云数据库	游戏	金山云
KunDB	关系型数据库	金融	星环科技
LinkoopDB	分析型数据库	数据仓库	聚云位智

产品名称	类型	典型应用或主要场景	所属组织
MegaWise	分析型数据库	数据仓库	赜睿信息
MogDB	关系型数据库	电信、金融	云和恩墨
MySQL	关系型数据库	开源	MySQL
Nebula Graph	图数据库	互联网	欧若数网
Neo4j	图数据库	社交零售	Neo4j
OceanBase	关系型数据库	电商零售	蚂蚁金服
OpenPlant	时序数据库	工业控制	麦杰
Oracle	关系型数据库	金融、电信、能源	甲骨文
Oushu	分析型数据库	数据仓库	偶数
Pegasus	键值型数据库	开源	小米
PhxSQL	关系型数据库	开源	腾讯云
PolarDB	云数据库	云服务	阿里云
PolonDB	关系型数据库	云服务	青云
PostDB	关系型数据库	金融、电信	科蓝软件
PostgreSQL	关系型数据库	开源	PostgreSQL
pSpace	时序数据库	工业控制	三维力控
Qcubic	内存数据库	电信	快立方
Quantum DB	关系型数据库	量子通信、安全	华典
RadonDB	云数据库	云服务	青云
RapidsDB	分析型数据库	数据仓库	柏睿数据
RealDB	时序数据库	工业控制	紫金桥
SAP HANA	内存数据库	数据分析	思爱普
SequoiaDB	关系型数据库	金融	巨杉
ShenTong	关系型数据库	航天	神舟通用
StarDB	云数据库	云服务	京东科技
ShinDB	关系型数据库	金融	新数科技
SinoDB	关系型数据库	金融	星瑞格
SkyTSDB	时序数据库	工业物联网	天数智芯
SQL Server	关系型数据库	企业管理、软件开发	微软

产品名称	类型	典型应用或主要场景	所属组织
StellarDB	图数据库	社交零售	星环
Snowball DB	分析型数据库	安保	睿帆科技
SeaSQL DRDS	事务型数据库	政务	新华三
SeaSQL MPP	分析型数据库	政务	新华三
T1	分析型数据库	数据仓库	南威软件
TDSQL-A	关系型数据库	支付、游戏	腾讯云
TDengine	时序数据库	开源	涛思数据
TDSQL	云数据库	云服务	腾讯云
TDSQL-C	云数据库	云服务	腾讯云
TcaplusDB	键值型数据库	云服务、游戏	腾讯云
Tendis	键值型数据库	游戏、直播、电商	腾讯云
TeleDB	云数据库	云服务	中国电信
Teradata	分析型数据库	数据仓库	天睿
TiDB	关系型数据库	金融、互联网	平凯星辰
TrendDB	时序数据库	工业控制	朗坤智慧
TroyDB	关系型数据库	工业控制	创意信息
TSDB（Ali）	时序数据库	云服务	阿里云
TSDB（Baidu）	时序数据库	云服务	百度云
TuGraph	图数据库	社交、零售	费马科技
UPDB	关系型数据库	电信、金融	鼎天盛华
UXDB	关系型数据库	政务、金融	优炫
xigemaDB	关系型数据库	物联网	华胜信泰
XuGu	关系型数据库	气象、政务	虚谷伟业
ZNBase	关系型数据库	金融、医疗	浪潮

从竞争格局来看，过去国内数据库市场被海外的 Oracle、IBM 等企业垄断，近年来受益于国产化政策的加速推进，本土数据库企业的市场份额得以显著提升。随着云数据库等新兴数据库的发展和国内厂商核心技术的持续迭代，未来国内数据库的国产化进程有望提速。

1.2.2　国产数据库发展特点

1. 数据库是国产化产业中的关键一环

国产化产业涉及硬件服务器、CPU、软件系统（包括操作系统和数据库软件），几乎包揽了信息产业的全部，国产化产业生态链图谱如图 1-7 所示。

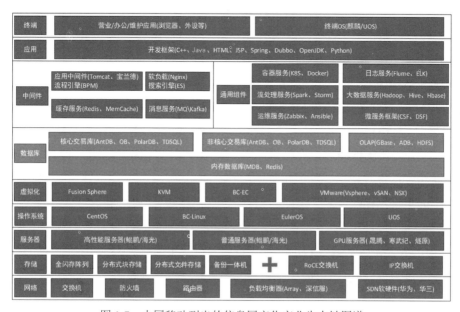

图 1-7　中国移动列出的信息国产化产业生态链图谱

作为国内最具影响力的三大通信运营商之一的中国移动，在国家国产化产业的基本宗旨和要求下，对信息产业进行了一次全产业链的细分。国产化产业图谱具体可以分为终端、操作系统、数据库、服务器、存储和网络等。而数据库产品，是属于应用软件的底层产品，可以称得上是软件基础中的基础，其地位和重要性在国产化产业中不言而喻。

值得一提的是，亚信科技的关系型数据库产品 AntDB 和内存数据库产品，与国内的优质数据库厂商一道，一并被选为中国移动的国产化可信赖数据库产品厂商。

几乎所有的企业级数据、终端数据和边缘设备数据都需要通过数据库管理系统的管理和分析才能够赋能上层应用或企业决策，发挥其最大的价值。也就是说，用户需要通过数据库管理系统对结构化或非结构化数据进行调用、处理和分析，再通过人工智能技术让数据资产化并赋能自身发展。因此，数据库已经成为数字经济时代的软件底座，是国产化产业中的关键一环。

2. 目前我国国产化数据库发展的特点

国内数据库发展正呈现百舸争流、百花齐放的态势。主要表现为以下几个特点：

（1）人才供应需求旺盛。

数据库市场规模持续增长，整个数据库行业迎来了最为重要的、千载难逢的战略机遇期，行业迅猛发展、前景广阔，多种因素叠加在一起，带动了对人才的旺盛需求，各行各业对各类数据基础支撑人才的需求量与日俱增，正呈现出井喷式增长的态势。

（2）将持续推动数据库的国产化发展。

国家和政府有明确政策导向，"十四五"规划纲要中明确提出"加快数字化发展，建设数字中国"的总体目标，具体包括迎接数字时代，激活数据要素潜能，推进网络强国建设，加快建设数字经济、数字社会、数字政府，以数字化转型驱动生产方式、生活方式和治理方式整体变革等主题。

针对数据与数据库应用，各行各业陆续出台了更为具体的发展规划。金融行业，中国人民银行发布的《金融科技发展规划（2022—2025 年）》明确提出在金融行业加强分布式数据库研发应用的具体要求，从而妥善解决分布式数据库产品在数据一致性、实际场景验证、迁移保障规范、新型运维体系等方面的问题。

（3）国内数据库厂商将逐步走向国际化市场。

中国数据库市场在 2012—2022 这十年间经历了从商业数据库、开源数据库到云数据库的巨大转变，以用户体验为核心的商业理念促进了技术更新迭代，技术赋能业务创新成为企业发展的重要支撑。放眼全球，国际市场 IT 变革与转型，与中国既有相似之处，又呈现出明显的差异。

2022—2032 年，中国数据库产品将逐步走向国际，借助"互联网化、云化、开源化"三大机遇，形成国内国际双循环发展格局。互联网化带来规模化场景变革的刚需，云化带来分布式数据库的商业模式变革，开源软件的兴起带来信任模式的变革，中国数据库厂商有机会借助这三大机遇走一条创新的出海之路。

当然，在预见国产化数据库利好的同时，也应该思考目前风云变幻的国际形势，机遇中也潜伏着一些可以预见的风险。

● 知识产权重视程度不够。知识经济全球化的背景下，为保持市场领先地位或争夺新兴市场份额，企业已将知识产权作为竞争的重要手段，专利是企业知识产权的核心。从企业拥有专利数量上来看，Oracle以1.4万件全球领先，SAP居次席，国内数据库企业的全部技术专利累计只千余件，差距巨大；技术成果转化率相对较低，知识难以得到有效利用。

● 利用开源数据库国产化，存在商业风险。当前，我国信息技术领域各行各业已经广泛接受和使用开源数据库产品，开源数据库的合理应用显著为应用开发提质增效，但是，由于开源软件的依赖和引用关系较为复杂，其安全性也往往缺少审查和管理，因此，开源数据库在一定程度上也增加了软件供应链的复杂性和安全风险。开源数据库使用过程中相关的法规遵从风险、知识产权风险、开源社区风险、开源项目可持续风险已成为不可忽视的重要风险因素。例如国内许多厂商，尤其是一些互联网厂商，使用MySQL或PostgreSQL的开源代码进行自研，但目前MySQL的核心引擎已经被Oracle公司实际收购，后续的开源存在着巨大的不可控风险。

1.2.3 国产数据库行业市场格局分析

数据库市场的未来发展将是一片大好，IDC发布的《2020年下半年中国关系型数据库软件市场数据跟踪报告》显示，2020年全年中国关系型数据库软件市场规模为18.8亿美元，同比增长36.5%。IDC预测，到2025年，中国关系型数据库软件市场规模将达到68.5亿美元，未来5年整体市场年复合增长率（CAGR）为29.5%，如图1-8所示。

总体来看，新冠肺炎疫情对2020年以后的中国关系型数据库市场的增长影响较小。2020年年初，新冠肺炎疫情对传统部署模式的关系型数据库交付产生了一定的影响，但在年中疫情平稳后得到快速恢复。

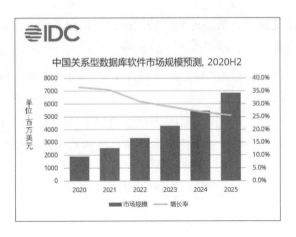

图 1-8　IDC 对于中国关系型数据库市场规模的预测

同时也能看出：政策利好本土厂商背景下，本土品牌迎来空前的市场机会。云数据库厂商、本土数据库厂商份额持续增长，国际数据库品牌份额持续下降。新、老数据库产品替换从试点阶段向推广普及阶段迈进，随着厂商不断的技术改进和与客户的深度合作，替代方案趋于成熟。云数据库服务商市场战略下移，寻求在私有云、行业客户等传统部署数据库市场发展。开源策略成为部分厂商吸引用户、盘活生态和促进技术发展的重要手段。分布式数据库快速发展，分布式架构成为支撑高性能场景和解决传统数据库瓶颈的主要选择。

从部署模式来看，中国公有云模式的关系型数据库占比明显高于同期的美国和全球市场。2020 年，公有云模式的关系型数据库软件占比达到 51.5%，首次超过传统部署模式市场规模，预计未来公有云模式的份额将继续提高，到 2025 年将达到 73.5%。

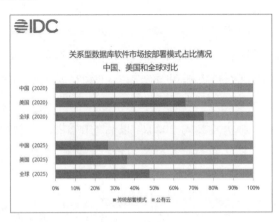

图 1-9　不同部署模式下 IDC 对于中国关系型数据库全球占比分析和预测

总之，近年来中国数据库市场由于政策利好、资本注入、数字化转型驱动等多方面因素，导致市场异常火热。新兴数据库厂商（如 PingCap、偶数科技、鼎石纵横等）的不断涌现以及其他领域厂商（如亚信科技、星环科技、中兴、浪潮等向关系型数据库领域的跨界，为中国关系型数据库软件市场注入了新的活力，市场迎来了空前的繁荣和发展机遇。

1.3　数据库的发展总结

数据库从 20 世纪诞生至今，已经度过了将近半个世纪。世界一直处于不断变化之中，有时候变化速度之快，令人瞠目结舌。在数据库系统刚研发出来时只需要解决简单的查询和存储问题，并由此产生了图数据库等易用的数据库类型。到后期，人们发现需要更方便的统一结构化查询工具，于是 SQL 就产生了。本以为这就是数据库的最终版本，谁知道后续因特网的发展推动了形形色色的应用服务，简单的传统数据库显然已经不能满足人们的需要，分布式数据库、云数据库、NoSQL 逐渐问世，然后又出现了 NewSQL，等等。

目前不存在某一种数据库，能够一下子满足全部的场景。比如 OLTP 类数据库无法满足高并发事务请求，在分布式类型下，子事务过多会影响数据库全局事务的性能；即时查询的数据库不能满足海量数据的即时查询，需要数据复杂分析处理的时候，列存储 MPP 是一个关键性能，但是读取性能又会下降。OLAP 类数据库，能够解决分析场景的大部分需求，但是在线事务处理能力很弱，如此这些问题，不一而足。

分布式数据库，虽然是当前的一个热点。但分布式数据库相当于 N 个集中式数据库吗？显然不是，分布式带来的优势中，最大的莫过于水平扩展的能力，这让数据库的服务器和存储有了许多成本下降的空间，但由此也带来了许多的问题，诸如表结构的拆分、多节点的运维和管理难度提升，等等。这里面还没考虑异构数据库带来的困难，分布式数据库的难点还多着呢。

但上述情况只是代表过去，如果仅仅畅想一下数据库的未来，也许会有很多的惊喜：

（1）NewSQL 将会充分做好 HTAP 的角色，做好多类型数据库特性的充分融合。

（2）数据上云是趋势，数据库云化也将是大的形势。

（3）性能是万年刚需，硬件红利将会被充分使用，软硬件结合挖掘性能。

（4）数据库将具备越来越多的 AI 能力，数据库能够自主感知业务的特点，将数据存储按需分配，例如能够将查询度高的热数据自动放在高配的缓存上，其余冷数据转移到比较便宜的存储上，而且冷热数据的交换完全对业务方向透明。

1.4　小结

本章主要介绍的是数据库的发展史，从数据库定义和分类、国产数据库行业现状和数据库未来发展趋势等三个方面进行了阐述，在数据库定义和分类中对关系型数据库、分布式数据库等重点小节进行了较详细的描述，读者可以根据自己对数据库产品和行业的了解，选择性地阅读。国产化产业是当前国家的一个基本信息战略，本章从数据库的角度对其进行了简单地剖析。未来数据库的发展趋势，本书的第 7 章会从技术实现方式等更多细节展开讨论，当然不同的人一定会秉持己见，时代是不断变化的，这里也仅做抛砖引玉罢了。

第2章 分布式数据库架构概述

2.1 "去O"实践特色

2.1.1 国产化趋势分析

随着国家有关部门近年来陆续出台相关政策指导文件，推动探索安全可控的金融科技产品，加强银行业信息安全建设，国内众多金融政企机构开始探索借助数字化技术，使原有 IT 系统转型升级，从而实现降本增效。相比于集中式数据库，分布式数据库具有平滑扩展、高可靠、高可用、低成本等关键特性和显著优点。目前部分分布式数据库实现了分布式事务的强一致性，保证了分布式事务的 ACID 要求，使分布式数据库在关键领域奠定了基础，而且成熟的分布式数据库透明性较好，上层应用系统可以像使用集中式数据库一样使用分布式数据库事务，无须关注分布式数据库的内部细节。

产品化程度更高：随着国产分布式数据库在金融、互联网等重点行业中的应用，将促使产品技术不断迭代，兼容性、易用性、可扩展性等问题将一一克服。未来随着分布式数据库等的标准体系及评价体系的健全，分布式数据库产品的生态体系也将逐渐完善，在运维保障、数据迁移、运行监测等方面的配套工具也将逐步成熟。

服务方式将向云化发展：云计算技术已在我国各行业信息化建设中大规模应用，为找准未来信创领域信息化建设技术方向，降低数据库运维成本，灵活调度资源，国内数据库厂商积极布局云数据库产品及服务。阿里云、腾讯云、华为云等已经发布了基于自有云平台的云数据库产品，传统数据库厂商达梦也推出云数据库产品。总体上，国内云数据库为未来国产化云数据库发展提供了良好基础。

高效运维：在数字经济的推动下，数据的全生命周期管理尤为重要，而分布式数据库数据通常由几十台甚至数千台服务器组成，数据库的运维显得尤为重要。随着人工智能技术的发展，将人工智能技术融入分布式数据库的全生命周期，实现数据库自运维、自管理、自调优以及故障自诊断和自愈，是未来发展的必然趋势。

自主知识产权：作为技术与知识产权自主可控的金融级分布式数据库，可满足国家对金融安全自主可控的要求。通过核心技术升级，以新一代分布式数据库解决过去难以解决的业务问题，同时实现自主可控，是企业数字化转型的趋势。

2.1.2　"去O"的厂商数据库产品解析

1. 人大金仓（太极股份）

人大金仓背靠中国电子科技集团，由中国人民大学最早一批从事数据库研究的专家于 1999 起创立，先后承担了国家"863""核高基"等重大专项。人大金仓拥有三类核心产品，分别为数据存储计算、数据采集交换以及数据应用分析。其中金仓交易型数据库 KingbaseES，入选国家自主创新产品目录，也是国家级、省部级实际项目中应用较为广泛的国产数据库产品。

其拳头产品 KingbaseES 是事务处理类、兼顾分析类应用领域的新型数据库产品，是面向企事业单位管理信息系统、业务系统的承载数据库，致力于解决高并发、高可靠数据存储计算问题，支持中标麒麟、银河麒麟、中科方德、UOS 等国产操作系统。产品具有跨操作系统平台的能力，支持 X86、ARM、龙芯等主流国产化服务器中央处理器 CPU 体系架构，系统支持 1000 个以上并发用户、TB 级数据量、GB 级大对象，具有标准通用、稳定高效、安全可靠、兼容易用等特点。

2. 武汉达梦（中国软件）

武汉达梦背靠 中国电子，主攻混合型数据库 HTAP。武汉达梦数据库有限公司成立于 2000 年，总部位于武汉，前身是华中科技大学数据库与多媒体研究所。武汉达梦致力于数据库管理系统的研发、销售与服务，同时为用户提供大数据平台架构咨询、数据技术方案规划、产品部署与实施等服务。公司为中国电子信息产业集团（CEC）旗下基础软件企业。

其拳头产品 DM8 和 DM7。DM8 是达梦公司在 DM7 的基础上进行优化改进的新一代自研数据库，融合了分布式、弹性计算与云计算等技术，对灵活性、易用性、可靠性、高安全性等方面进行了大规模改进，支持超大规模并发事务处理和事务——分析混合型业务处理，动态分配计算资源，实现更精细化的资源利用、更低成本的投入。DM8 为了满足不同场景需求，在 DM7 的基础上增加了透明分布式处理架构 DMTDD、分布式动态分析架构（弹性计算）和混合事务分析处理架构四种架构，大幅提升了运维监控能力，同时改进了调试功能、备份及还原等能力，新增了 Web 版本迁移工具 DTS。

3. 优炫软件

北京优炫软件股份有限公司（简称"优选软件"）是一家基于 IT 技术和软件研发、产品、服务及全方位解决方案的数据库及数据安全产品的运营服务商。

其拳头产品优炫数据库（UXDB）具备支持多种数据类型、在线弹性扩容、高可用性、高性能、高安全性、数据即服务等核心能力。可应用于高频联机系统、地理信息、数据仓库、商业智能等多业务场景。产品已完成与多数芯片、操作系统、应用软件厂家适配，支持众多应用软件的稳定运行。

4. 南大通用

南大通用属于老牌国产数据库研发企业，成立于 2004 年 5 月，是国家规划布局内重点软件企业，专注于数据库领域，公司致力于为金融、电信、政务、国防、企事业等领域提供服务，并坚持国产数据库的研发和推广。

南大通用以"让世界用上中国的数据库"为使命，打造了 GBase8a、8t、8m、8s、8d、UP 等多款自主可控数据库、大数据产品，并在金融、电信、政务、国防、企事业等领域拥有上万家用户。GBase 8a MPP Cluster 是在 GBase 8a 列存数据库基础上开发的，基于现代云计算 MPP 理念和 Shared Nothing 架构的并行数据库集群，为 PB 级超大规模数据库管理提供高性价比的通用平台。GBase 8a MPP Cluster 广泛地应用在各类数据仓库系统、审计查询系统、BI 系统和决策支持系统。GBase 8a MPP Cluster 集群架构为无 Master、节点对等的扁平架构。完全并行的"MPP+Shared Nothing"架构实现在线节点动态伸缩，最大可扩展 192 个节点。

5. 华为云的 GaussDB

华为云成立于 2005 年，隶属华为公司，专注于云计算中公有云领域的技术研究与生态拓展，致力于为用户提供一站式云计算基础设施服务。

华为云的 GaussDB 是一个企业级 AI-Native 分布式数据库，采用 MPP 架构，支持行存储与列存储，提供 PB 级别数据量的处理能力。华为的 GaussDB 为超大规模数据管理提供高性价比的通用计算平台，也用于支撑各类数据仓库系统、BI（Business Intelligence）系统和决策支持系统，为上层应用的决策分析提供服务。

6. 阿里云的 OceanBase

阿里云创立于 2009 年，是全球领先的云计算及人工智能科技公司，致力于通过在线公共服务为客户提供安全、可靠的云计算和数据处理服务。其自主研发的飞天大数据平台，拥有 EB 级的大数据存储和分析能力、10K 任务分布式部署和监控能力。

OceanBase 是由蚂蚁金服、阿里巴巴完全自主研发的分布式关系型数据库，始创于 2010 年，应用于支付宝全部核心业务以及阿里巴巴的淘宝业务。从 2017 年开始服务外部客户。2020 年 6 月 8 日，蚂蚁集团将自研数据库产品 OceanBase 独立进行公司化运作，同年 9 月，中国工商银行开始采用蚂蚁集团自研 OceanBase 数据库，其对公（法人）理财系统已完成从大型主机到 OceanBase 分布式架构的改造。

7. PingCAP 的 TiDB

TiDB 是 PingCAP 公司自主设计、研发的开源分布式关系型数据库，是一款同时支持在线事务处理与在线分析处理的融合型分布式数据库。2015 年 9 月，借鉴 Google Spanner 及 F1 论文的实现，TiDB 在 GitHub 上开源。TiDB 从仅有 SQL 层及 KV 层的 beta 版本到现在已经衍生出庞大家族的 4.0 版本，始终围绕着解决分库分表问题，为用户提供一站式 OLTP、OLAP、HTAP 解决方案的目标演进。在内核设计上，TiDB 分布式数据库将整体架构拆分成了多个模块，各模块之间互相通信，组成完整的 TiDB 系统。与传统的单机数据库相比，TiDB 的纯分布式架构拥有良好的扩展性且具有丰富的工具链生态，覆盖数据迁移、同步、备份等多种场景。

8. 腾讯的 TDSQL

TDSQL 是腾讯打造的一款分布式数据库产品，具有强一致、高可用、全球部署架构、分布式水平扩展、高性能、企业级安全等特性，同时提供智能 DBA、自动化运营、监控告警等配套设施。拥有容灾、备份、恢复、监控、数据传输、安全、灾备等全套服务。

9. 亚信科技的 AntDB

AntDB 采用 Share-nothing 的 MPP 架构，支持分布式并行计算，可高效处理 PB 级别、高质量的结构化数据，支撑亿级用户，具有横向可扩展、秒级在线扩容的能力，是一款高度兼容 Oracle、DB2、MySQL 等语法的多模型产品。

AntDB 优化了全局事务管理器的架构，进一步加强了中心节点的处理能力，为用户输出更强劲的数据库处理能力。解决用户的数据处理性能问题，为超大规模数据管理提供高性价比的计算平台。

AntDB 是一款可扩展、多租户、高可用、高性能、自主安全可靠的、高度兼容 Oracle 特性的分布式数据库产品，方便应用平滑地从 Oracle 迁移到 AntDB。支持 x86、龙芯、兆芯、海光、飞腾、鲲鹏等 CPU 硬件架构，支持统信、麒麟、欧拉等国产操作系统。为 OLTP（Online Transactional Processing）、OLAP（Online Analytical Processing）场景提供一站式地解决方案，广泛用于政企、电信、金融等行业核心系统。

AntDB 数据库特性说明如下：

- 应用透明：向应用提供完整的分布式数据库，上层应用无须关心数据分布、集群容量。

- 用户规模：满足亿级用户规模数据量业务处理的系统建设需求。

- 平滑迁移：支持现有核心业务系统安全、经济、平滑地迁移。

- 高可靠性：可代替Oracle等传统集中事务型关系数据库。

2.2 分布式数据库的概念

分布式数据库在逻辑上是一个统一的整体，在物理上则分别存储在不同的物理节点上。应用程序通过网络可以访问分布在不同地理位置的数据库，它的分布性表现在数据库中的数据不存储在同一物理设备上，更确切地讲，不存储在同一计算机的存储设备上，以上就是分布式数据库与集中式数据库的区别。从用户的角度来说，一个分布式数据库系统在逻辑上与集中式数据库系统一样，用户可以在任何一个场地执行全局应用。根据目前我国分布式数据库技术现状，可以发现分布式数据库具备分布式事务处理能力、可平滑扩展能力，分布于计算机网络且逻辑上统一。分布式数据库的定义强调了分布性和逻辑整体性。

分布式数据库系统特点如下：

● 分布式事务处理：分布式数据库与集中式数据库的主要区别就是是否具备分布式事务的处理能力。分布式数据库通过对数据库各种操作的并行计算、全局事务管理等机制，实现真正的分布式事务处理，并实现与集中式数据库一致的 ACID 特性。

● 数据独立性：分布式数据库除了具有常规的逻辑独立性与物理独立性，还具有数据分布独立性。

● 集中与自治相结合的数据结构：各局部的分布式数据库可以独立地管理局部数据库，具有自治功能；系统也设有集中控制机制，协调各局部分布式数据库的工作，执行全局应用。

● 适当增加了数据冗余度：分布式数据库通过适当增加数据冗余度，可以方便检索，降低通信代价，提高系统的查询速度。

● 物理分布、逻辑统一：分布式数据库的数据并不是存储在一个物理节点上，而是存储在计算机网络上的多个节点上，且通过网络实现了真正的物理分布，但逻辑上仍是一个数据库，为用户提供统一的访问入口，实现对分布在网络节点上的数据的统一操作，即用户可以像使用传统集中式数据库那样使用分布式数据库，而不是分别操作多个数据库。

2.3　分布式数据库的分类

2.3.1　OLTP和OLAP对比

联机事务处理（On-Line Transaction Processing，OLTP）是事件驱动、面向应用的，也称为面向交易的处理过程。其基本特征是前台接收的用户数据可以立即传送到计算中心进行处理，并在很短的时间内给出处理结果，是对用户操作的快速响应。例如银行类、电子商务类的交易系统就是典型的 OLTP 系统。

OLTP 有以下几个特征：

- 数据量不是很大，生产库中的数据量一般不会太大，而且会及时做相应的数据处理与转移。

- 大量的短在线事务（插入、更新、删除），单个事务能够很快地完成，并且只需访问相对较少的数据。OLTP旨在处理同时输入的成百上千的事务。

- 实时性要求高。

- 高并发，并且要求满足ACID原则。

OLTP 对数据一致性要求很高，但是数据处理量不是十分巨大，一般的用户场景有银行实时交易系统、通信计费系统、企业 CRM 系统，等等。

联机分析处理（On-Line Analytical Processing，OLAP）是面向数据分析的，也称为面向信息分析处理过程。它使分析人员能够迅速、一致、交互地从各个方面观察信息，以达到深入理解数据的目的。其特征是应对海量数据，支持复杂的分析操作，侧重决策支持，并且提供直观易懂的查询结果。例如数据仓库就是典型的 OLAP 系统。

OLAP 有以下几个特征：

- 本身不产生数据，基础数据来源于生产系统中的操作数据。

- 查询的数据量很大。

● 基于查询的分析系统，复杂查询经常使用多表联结、全表扫描等，牵涉的数据量往往十分庞大。

● 用户群体相对较小，主要是业务人员和管理人员。

● 业务问题不固定，数据库的各种操作不能完全基于索引。

由于这些特性，OLAP 广泛应用于 BI、Reporting 和数仓分析等场景。

如果将 OLTP 与 OLAP 的能力进行对比，可以得到表 2-1。

表 2-1　OLTP 与 OLAP 能力对比

维度	OLTP	OLAP
用户	操作人员、低层管理人员	决策人员、高级管理人员
功能	日常操作处理	分析决策
数据	当前的、最新的、细节的、二维的、分立的	历史的、聚焦的、多维的、集成的、统一的
存取	读 / 写数十条记录	读上百万条记录
工作单位	简单的事务	复杂的查询
用户数	上千个	上百万个
DB 大小	TB 级	PB 级
时间要求	具有实时性	对时间要求不严格
主要应用	数据库	数据仓库

2.3.2　关于HTAP

如果能将 OLTP 与 OLAP 的数据库进行融合和统一，那再好不过。于是 HTAP（Hybrid Transaction/Analytical Process）应运而生，这是 2014 年由 Gartner 提出的，可同时混合 TP 和 AP 业务的数据库类型。

HTAP 类型的数据库应具备以下特点：

● 根据OLTP和OLAP负载是否使用相同的节点或引擎，分为统一架构（一个节点同时处理OLTP连接事务和OLAP联机分析两种不同的负载）和分离架构（由不同的两个子系统区分处理）两种类型。

- 底层数据只有一份，能够快速复制，并且同时满足高并发的实时更新。

- 具有很好的优化器，可满足事务类、分析类语句需求。

- 具备标准的SQL，支持诸如二级索引、分区、列式存储等技术。

传统 IT 架构中，实时、在线的业务交易类场景一般采用 OLTP，即联机事务处理类数据库进行支撑；面向数据分析场景的业务则采用 OLAP，即联机分析型数据库进行支撑。而数据则定期通过 ETL 工具从 OLTP 数据库向 OLAP 数据库进行迁移和同步。

近年来，随着数据量的急剧增加，ETL 过程所花的时间越来越长，并且业务的不断丰富导致实时分析类场景的需求越来越多，于是诞生了 HTAP 的概念，来打破事务处理和分析之间的壁垒，同时支持 OLTP 和 OLAP 场景，基于创新的计算存储框架，在同一份数据上保证事务同时支持实时分析，既省去了费时的 ETL 过程，又可以支撑实时分析类场景。

当下，HTAP 数据库多基于分布式架构和对用户透明的完全无共享的 Share nothing 并行计算架构实现。数据库技术设计上，整体架构应包含连接层、计算层和存储层，通过逻辑分层的架构保持整体结构清晰，各个层次功能划分明确。

- 连接层通过标准ODBC/JDBC接口访问HTAP数据库。根据特定的需求，如响应时间、连接数量、安全要求和其他因素，选择合适的驱动程序类型。

- 计算层是HTAP数据库的核心，除具备传统数据库的编译和优化、生成执行计划、SQL执行、事务管理和工作负载管理等能力，还需要具备分布式任务分发、HTAP双引擎框架处理等能力。

- 存储层支持数据的分布式存储和多副本存储，保障数据的一致性和高可用性。

如图 2-1 所示为 HTAP 数据库架构示意图。

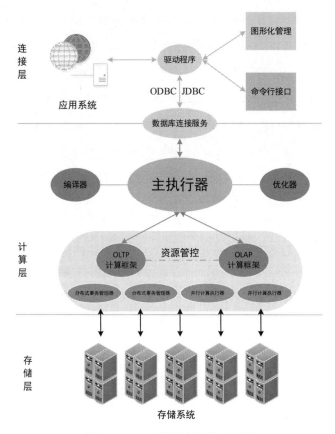

图 2-1 HTAP 数据库架构示意图

SQL 执行流程如下：

（1）流程从应用程序或第三方客户端软件开始。Windows 或 Linux 客户端通过 ODBC/JDBC/ADO.NET 驱动程序访问 HTAP 数据库。

（2）当客户端请求一个连接时，数据库连接服务处理请求并向 SQL 进程分配连接。

（3）主执行器进程协调执行来自客户端应用程序的 SQL 语句。调用编译和优化器对 SQL 语句进行解析和编译，并生成最优执行计划。

（4）根据生成的执行计划，结合各数据库优化规则及算法进行计算任务的调度和分发，OLTP 计算框架负责完成 OLTP 业务的执行，OLAP 计算框架负责完成 OLAP 业务的执行。

（5）分布式事务，将调用分布式事务管理器服务，确保集群事务的 ACID

原则。通过分布式事务管理器管理分布在多个单元存储上的事务调用并行执行。

（6）并发执行任务分配给并行计算执行器完成，通过大规模并发处理的方式并行地处理工作，处理的结果将回传至主执行器进行合并。复杂查询（例如，大型 n-way 联合或聚合）可能会调用多层并行执行器。

（7）存储系统完成 I/O 请求，主执行器进程通过 API 调用底层存储系统以及文件系统服务。

目前很多厂商都在做这方面的尝试，要赋予 AP 类系统 ACID 和事务能力中，难度还是不小的。

2.4　如何解决分布式问题

2.4.1　分布式数据库的事务处理技术

在讲解分布式数据库的事务之前，先讲解一下事务。事务是由一组操作构成的可靠的、独立的工作单元。在关系型数据库中，一个事务可以是一条 SQL 语句、一组 SQL 语句或整个程序，想必大家对此并不陌生。但是，为了后面更好地介绍分布式数据库的事务，这里再简单介绍一下。

严格意义上的事务实现应该具备原子性（Atomicity）、一致性（Consistency）、隔离性（Isolation）和持久性（Durability），简称 ACID。

- 原子性，可以理解为一个事务内的所有操作要么都执行，要么都不执行。

- 一致性，可以理解为数据是满足完整性约束的，也就是不会存在中间状态的数据，比如张三账上有400元，李四账上有100元，张三给我打200元，此时张三账上的钱应该是200元，李四账上的钱应该是300元，不会存在李四账上钱加了，张三账上钱没扣的中间状态。

- 隔离性，指的是多个事务并发执行的时候不会互相干扰，即一个事务内部的数据对于其他事务来说是隔离的。

- 持久性，指的是一个事务完成之后数据就被永远保存下来，之后的其他操作或故障都不会对事务的结果产生影响。

分布式事务，顾名思义就是要在分布式系统中实现事务，它由多个本地事务组合而成。要在分布式系统中实现ACID是非常困难的，特别是数据的一致性。由于分布式系统更加复杂，在实际的应用中，不能只考虑一致性，而需要在各个因素之间权衡。下面介绍几个著名的分布式系统的理论，帮助读者理解。

首先，CAP原则显示，在一个分布式系统中，一致性（Consistency）、可用性（Availability）、分区容忍性（Partition tolerance）三个要素最多只能同时实现两点，不可能三者兼顾。

- 一致性：在分布式系统中的所有数据备份，在同一时刻是否有同样的值。

- 可用性：在集群中一部分节点故障后，集群整体是否还能响应客户端的读写请求。

- 分区容忍性：以实际效果而言，分区相当于对通信的时限要求。系统如果不能在时限内达成数据一致性，就意味着发生了分区的情况，必须就当前操作在C和A之间做出选择。

第二个是BASE理论，它是对CAP中的一致性和可用性进行一个权衡的结果，该理论的核心思想就是，无法做到强一致，但每个应用都可以根据自身的业务特点，采用适当的方式来使系统达到最终一致性。

- 基本可用（BasicallyAvailable）：指分布式系统在出现故障时，允许损失部分的可用性来保证核心可用。

- 软状态（SoftState）：指允许分布式系统存在中间状态，该中间状态不会影响系统的整体可用性。

- 最终一致性（EventualConsistency）：指分布式系统中的所有副本数据经过一段时间后，最终能够达到一致的状态。

最后，再来了解一下数据的一致性模型，可以分成以下三类：

- 强一致性：数据更新成功后，任意时刻所有副本中的数据都是一致的，一般采用同步的方式实现。

- 弱一致性：数据更新成功后，系统不承诺立即可以读到最新写入的值，也不承诺具体多久之后可以读到。

- 最终一致性：弱一致性的一种形式，数据更新成功后，系统不承诺可以立即返回最新写入的值，但是保证最终会返回上一次更新操作的值。

了解了以上理论之后，再了解分布式事务处理技术就会容易很多。常见的分布式事务处理技术包括 2PC、3PC、TCC、本地消息表、消息事务、最大努力通知。每项技术各有优缺点，应用于不同场景。2PC 和 3PC 是一种强一致性事务，不过还是有数据不一致、阻塞等风险，而且只能用在数据库层面。TCC 是一种补偿性事务思想，适用的范围更广，在业务层面实现，因此对业务的侵入性较大，每一个操作都需要实现对应的三个方法。本地消息表、事务消息和最大努力通知其实都是最终一致性事务，因此适用于一些对时间不敏感的业务。

能在分布式数据库中使用的事务处理技术是 2PC 和 3PC，下面将详细介绍这两种技术。

1. 2PC

2PC（Two-Phase Commit Protocol），即二阶段提交，将分布式事务分成两个阶段，分别为提交准备（投票）和提交（执行）。这两个阶段中间需要一个事务协调者（coordinator）的角色来协调管理各参与者（participant）的提交和回滚。下面来看两个阶段的具体流程。

1）具体流程

准备阶段（Prepare）：

（1）协调者向所有参与者发送 prepare 请求与事务内容，询问是否可以准备事务提交，并等待参与者的响应。

（2）参与者执行事务中包含的操作，即执行本地事务，并记录 undo 日志（用于回滚）和 redo 日志（用于重放），但不真正提交。然后向协调者返回事务操作的执行结果，执行成功返回 yes，否则返回 no。

提交阶段（Commit）：

同步等待所有资源的响应之后就进入第二阶段，即提交阶段（注意提交阶段不一定是提交事务，也可能是回滚事务）。根据第一阶段参与者的返回结果，分为两种情况：

若第一阶段所有参与者返回 yes，则步骤如下：

（1）协调者则向所有参与者发送提交（Commit）事务命令，然后等待所有事务都提交成功之后，返回事务执行成功。

（2）参与者收到 commit 命令后，提交事务，并将结果返回给协调者。

若第一阶段只要有参与者返回 no，则步骤如下：

（1）协调者向所有参与者发送回滚事务的请求，即分布式事务执行失败。

（2）参与者收到回滚命令后，回滚事务，并将结果返回给协调者。

流程如图 2-2、图 2-3 所示。

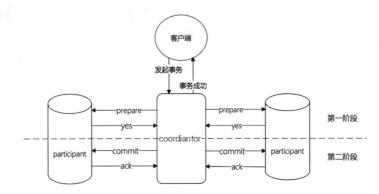

图 2-2　2PC 事务成功流程图

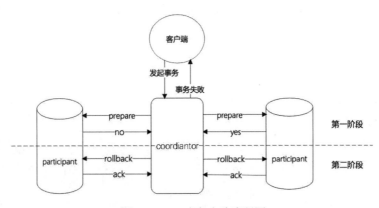

图 2-3　2PC 事务失败流程图

如果第二阶段提交失败，一般包括以下两种情况：

第一种情况：若**第二阶段执行的是回滚事务操作**，则不断重试，直到所有参与者都回滚了，不然那些在第一阶段准备成功的参与者会一直阻塞着。

第二种情况：若**第二阶段执行的是提交事务操作**，则不断重试，因为有可能一些参与者的事务已经提交成功了，这个时候只有一条路，就是不断地重试，直到提交成功，如果到最后真的不行，则只能人工介入处理。

大体上二阶段提交的流程就是这样，回头再来看看。2PC 是一个**同步阻塞协议**，像第一阶段协调者会等待所有参与者响应才会进行下一步操作，当然第一阶段的**协调者有超时机制**，假设因为网络原因没有收到某参与者的响应或某参与者宕机了，那么超时后就会判断事务失败，向所有参与者发送回滚命令。在第二阶段协调者没法超时，因为按照上面分析只能不断重试！

2）2PC 的缺点

了解了二阶段提交的特点，就不难发现 2PC 有如下缺点：

● 协调者存在单点问题。

● 执行过程是完全同步的。各参与者在等待其他参与者响应的过程中都处于阻塞状态，大并发下会产生性能问题。

● 仍然存在不一致风险。如果由于网络异常等意外导致只有部分参与者收到了commit请求，就会造成部分参与者提交了事务而其他参与者未提交的情况。

3）单点故障说明

针对单点故障，下面将进一步详细说明。单点故障主要有以下三种情况：

第一种，协调者正常，参与者宕机。

原因：由于协调者无法收集到所有参与者的反馈，会陷入阻塞情况。

解决方案：引入超时机制，如果协调者在超过指定的时间后还没有收到参与者的反馈，事务就失败，向所有节点发送终止事务请求。

第二种，协调者宕机，参与者正常。

原因：无论处于哪个阶段，由于协调者宕机，无法发送提交请求，所有处于执行了操作但是未提交状态的参与者都会陷入阻塞情况。

解决方案：引入协调者备份，同时协调者需记录操作日志，当检测到协调者宕机一段时间后，协调者备份取代协调者，并读取操作日志，向所有参与者询问状态。

第三种，协调者和参与者都宕机。

此问题较为复杂，分三种情况介绍：

（1）发生在第一阶段：因为第一阶段所有参与者都没有真正执行 commit 操作，所以只需重新在剩余的参与者中选出一个协调者，新的协调者再执行第一阶段和第二阶段的操作就可以了。

（2）发生在第二阶段，并且宕机的参与者在宕机之前没有收到协调者的 commit 指令。这时可能协调者还没有发送第 4 步就宕机。这种情况下，新的协调者重新执行第一阶段和第二阶段操作。

（3）发生在第二阶段，并且有部分参与者已经执行完 commit 操作。就好比这里订单服务 A 和支付服务 B 都收到协调者发送的 commit 信息，开始真正执行本地事务 commit，但突发情况，A commit 成功，B 确宕机了。这个时候数据是不一致的。虽然可以再通过手段让 B 和协调者通信，再想办法把数据做成一致的，但是，这段时间内 B 的数据状态已经是不一致的了！ 2PC 无法解决这个问题。

4）如何避免单点故障

在实际应用中，为了避免协调者单点故障问题，一般会通过选举等操作选出一个新协调者来顶替。同时，还要做到以下四点：

第一，新的协调者需要通过日志等了解当前事务状态，然后根据不同的情况做出提交或者回滚等操作。

第二，如果事务处于第一阶段，此时事务肯定还没提交，直接回滚即可。

第三，如果处于第二阶段，假设参与者都没宕机，此时新协调者可以向所有参与者确认它们自身情况来决定下一步的操作。

第四，如果处于第二阶段，有部分参与者宕机，比如协调者发送了回滚命令，此时第一个参与者收到命令并执行，然后协调者和第一个参与者都宕机了。此时其他参与者都没收到请求，然后新协调者来了。此时还需要做到以下两点才能保证事务的一致性，但很难做到：

- 如果参与者在宕机之前事务提交成功，新协调者确定存活的参与者都没问题，那肯定需要向其他参与者发送提交事务命令才能保证数据一致。

- 如果参与者在宕机之前事务还未提交成功，参与者恢复了之后数据是回滚的，此时协调者必须向其他参与者发送回滚事务命令才能保持事务一致。

所以极端情况下还是无法避免数据不一致的问题。不过实际使用中，各个数据库厂商都会或多或少改进 2PC 协议，最大程度解决这个问题。

2.3PC

3PC 的出现是为了解决 2PC 的一些问题，相比于 2PC，3PC 在参与者中也引入了超时机制，并且新增了一个阶段使得参与者可以利用这一阶段统一各自的状态。

了解完 2PC 之后，就很容易理解 3PC 的流程，下面来详细看一下。

3PC 包含三个阶段，分别是准备阶段（CanCommit）、预提交阶段（PreCommit）和提交阶段（DoCommit）。

3PC 把 2PC 的提交阶段变成了预提交阶段和提交阶段。

（1）CanCommit 阶段：尝试获取数据库锁。

（2）PreCommit 阶段：在 CanCommit 阶段中，如果所有的参与者都返回 yes 的话，就会进入 PreCommit 阶段进行事务预提交。这里的 PreCommit 阶段跟 2PC 的第一阶段类似，只不过这里协调者和参与者都引入了超时机制 （2PC 中只有协调者可以超时，参与者没有超时机制）。

（3）DoCommit 阶段：这里跟 2PC 的第二阶段是差不多的。

3PC 流程如图 2-4 所示。

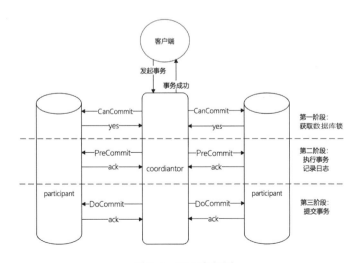

图 2-4　3PC 流程图

相较于 2PC，3PC 对于协调者（coordinator）和参与者（participant）都设置了超时时间，而 2PC 只能对协调者设置超时时间。这个优化点，主要是避免了参与者在长时间无法与协调者节点通信（协调者宕机了）的情况下，无法释放资源的问题，因为参与者自身拥有超时机制会在超时后，自动进行本地 commit 从而进行释放资源。而这种机制也从侧面降低了整个事务的阻塞时间和范围。另外，通过 CanCommit、PreCommit、DoCommit 三个阶段的设计，相较于 2PC，多设置了一个缓冲阶段保证在最后提交阶段之前各参与节点的状态是一致的。

以上就是 3PC 相较于 2PC 的一个提高（相对缓解了 2PC 中的前两个问题），但是 3PC 依然没有完全解决数据不一致的问题。

AntDB 对于事务处理，采用的就是两阶段提交协议。下面简化地介绍一下这个协议，在分布式事务场景下，2PC 能够协调所有参与者共同达到提交（commit）和回滚（rollback）的结果，保证事务的原子性。协议分为两步：prepare 和 commit，称为两阶段提交。其过程如图 2-5 所示。

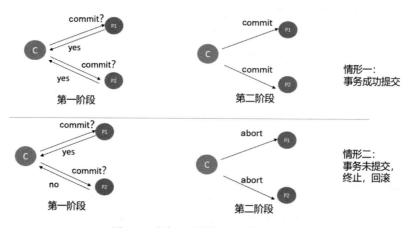

图 2-5　事务一致性的 2PC 协议示意

协调者 C（coordinator）与参与者 P（participant）对一个事务进行推进和确认，只有得到所有参与者回复 yes 后，才完成事务的提交，否则就会回滚。

2.4.2　分布式存储技术

分布式数据库的数据分布在多个节点上，一般采用 Share-Nothing（SN）

架构，在这种架构下，每一个节点都是独立的、自给的，在系统中不存在单点竞争。数据存储有两种常见的方式：分区（partitioning）和复制（replication），两者通常结合使用，比如每个分区的副本会存在于多个节点。也就是说，一张表可以存在于同一个分区，但是有可能不在同一个节点上。

（1）数据分区技术。

将数据进行拆分，利用 Hash、Range 等技术分布式存储在不同的物理节点上，这就是数据分区。分区使得单表容量可以超过单机的容量，具备高扩展性，还可以在用户查询数据时，快速定位到分区，提高查询效率。

（2）数据复制技术。

数据复制用来实现数据备份，以数据副本作为冗余，而一个数据的副本可以存在于多个不同的节点上，当出现某个节点故障时，副本可以保障数据不丢失，提高高可用。副本与主节点的一致性，一般通过 Paxos、Raft 等协议进行保障。

分布式存储是相对于集中式存储来说的，在介绍分布式存储之前，先了解一下集中式存储。

集中式存储并不是一个单独的设备，而是集中在一套系统当中的多个设备。有一个统一的入口，所有数据都要经过这个入口，该入口就是存储系统的机头。在该机头中通常包含前端端口和后端端口，前端端口为服务器提供存储服务，而后端端口用于扩充存储系统的容量。通过后端端口机头可以连接更多的存储设备，从而形成一个庞大的存储资源池，然后划分磁盘提供给服务器使用。

传统集中式存储在面对海量数据时，其缺点越来越明显，如扩展性差、成本高等。为了克服这些缺点，满足海量数据的存储需求，市场上出现了分布式存储技术。

分布式存储是一个大的概念，包含的种类繁多，除了传统意义上的分布式文件系统、分布式块存储和分布式对象存储，还包括分布式数据库和分布式缓存等。分布式存储有多种实现技术，如 HDFS、Ceph、GFS、Switf 等。HDFS 属于文件存储，Swift 属于对象存储，而 Ceph 可支持块存储、对象存储和文件存储，故称为统一存储。

下面分别对 Ceph、HDFS、Swift 三种主流的分布式存储技术实现原理进行简单的阐述，并总结其各自的特点和适用场景，从而让大家对分布式存储有更深的了解。

1. Ceph

Ceph 经过多年的发展之后，已得到众多云计算和存储厂商的支持，成为应用最广泛的开源分布式存储平台之一。

Ceph 根据场景可分为对象存储、块设备存储和文件存储。Ceph 相比其他分布式存储技术，其优势在于：不单是存储，同时还充分利用了存储节点上的计算能力，在存储每一个数据时，都会通过计算得出该数据存储的位置，尽量将数据均衡分布。同时，由于采用了 Crush、Hash 等算法，使得它不存在传统的单点故障，且随着规模的扩大，性能并不会受到影响。Ceph 架构如图 2-6 所示。

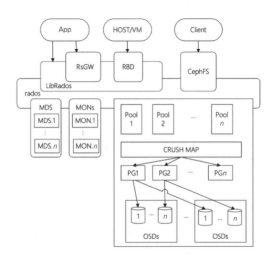

图 2-6　Ceph 架构图

下面了解一下核心组件：

● RBD：全称Rados Block Device，是Ceph对外提供的块设备服务。

● RGW：全称Rados GateWay，是Ceph对外提供的对象存储服务，接口与S3和Swift兼容，如果不使用对象存储则不需要安装。

● CephFS：全称Ceph File System，是Ceph对外提供的文件系统服务。

● RADOS：全称Reliable Autonomic Distributed Object Store，是Ceph集群的精华，帮助用户实现数据分配、Failover等集群操作。用户可以直接访问。

- Libradio：是 RADOS 提供库，因为 RADOS 是协议，很难直接访问，因此上层的 RBD、RGW 和 CephFS 都是通过 librados 访问的，目前提供 PHP、Ruby、Java、Python、C 和 C++ 支持。

- PG：全称 Placement Groups，是一个逻辑概念，一个 PG 包含多个 OSD。引入 PG 这一层是为了更好地分配数据和定位数据。

- OSD：全称 Object Storage Device，负责响应客户端请求返回具体数据的进程。一个 Ceph 集群一般有多个 OSD，Ceph 最终数据也是由 OSD 保存到磁盘上的。

- MDS：全称 Ceph Metadata Server，是 CephFS 服务依赖的元数据服务。如果不使用文件存储，则不需要安装。

- MON：用于维护存储系统的硬件逻辑关系，主要是服务器和硬盘等在线信息。MON 服务通过集群的方式保证其服务的可用性。

- CRUSH：是 Ceph 使用的数据分布算法，类似一致性哈希算法，让数据分配到预期的地方。

从图 2-6 可知，Ceph 对外提供了四个接口：

- 应用直接访问（RADOS），需要通过自行开发调用接口，适合自主开发。

- 对象存储接口，支持（Amazon）S3 和 Swift 等调用方式，适合的存储对象包括图片、视频等。

- 块存储接口（RBD），主要对外提供块存储，例如提供给虚拟机使用的块设备存储。

- 文件存储（CephFS），类似于 NFS 的挂载目录存储。

在以上四个接口中，应用直接访问、对象存储、块存储都依赖于 LibRados 库文件，而 Ceph 的底层是一个 RADOS 对象存储系统，包括 MDS 元数据节点、MON 管理控制节点、很多的 Pool 存储池。在 Pool 存储池中包含了多个 PG 归置组，然后通过 CRUSH 算法将 PG 中的数据存储到各个 OSD 组中。

2. HDFS

Hadoop Distributed File System（HDFS）是一个分布式文件系统。HDFS 有

着高容错性（fault-tolerent）特点，并且用来部署在低廉的（low-cost）硬件上。而且它提供高吞吐量（high throughput）来访问应用程序的数据，适合那些有着超大数据集（large data set）的应用程序。

HDFS 集群一般由一个 NameNode、一个 Secondary NameNode 和多个 DataNode 组成。如图 2-7 所示是简化版的 HDFS 架构。

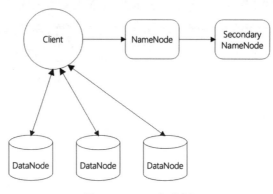

图 2-7　HDFS 架构图

- Client（客户端）：从NameNode获取文件的位置信息，再从DataNode读取或写入数据。此外，Client在数据存储时，负责文件的分割。

- NameNode（元数据节点）：管理名称空间、数据块（Block）映射信息、配置副本策略、处理客户端读写请求。

- DataNode（存储节点）：负责执行实际的读写操作，存储实际的数据块，同一个数据块会被存储在多个DataNode上。

- Secondary NameNode：定期合并元数据，并推送给NameNode，在紧急情况下，可辅助NameNode的HA恢复。

当客户端请求数据时，仅从 NameNode 中获取文件的元数据信息，具体的数据传输不经过 NameNode，而是直接与具体的 DataNode 进行交互。然后从该位置获取具体的数据。由于元数据的访问频度和访问量相对于数据都要小很多，因此 NameNode 通常不会成为性能瓶颈，而 DataNode 集群可以分散客户端的请求。因此，这种分布式存储架构可以通过横向扩展 DataNode 的数量来增加承载能力，即实现动态横向扩展的能力。

3. Swift

Swift 是由 Rackspace 公司开发的分布式对象存储服务，2010 年贡献给 OpenStack 开源社区。Swift 采用完全对称、面向资源的分布式系统架构设计，所有组件都可扩展，避免因单点失效而影响整个系统的可用性。

简单来讲，Swift 分为存储层和访问层。访问层负责接收用户的请求，并采用一致性哈希算法计算出数据存放的具体位置，然后将数据存放到存储层。一个对象在 Swift 中默认保存 3 个副本，写数据的时候，只要其中 2 个节点确认状态 OK，即认为操作成功。同样，读数据的时候，只要其中 2 个节点确认状态 OK，就会随机选择一个节点读取数据，并返回给用户。架构如图 2-8 所示。

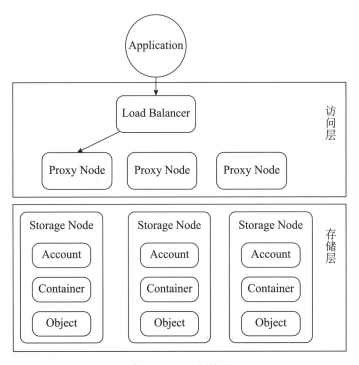

图 2-8　Swift 架构图

● Proxy Node：处理所有与用户交互的请求，然后通过一致性哈希算法，得到数据存放的节点列表（默认是 3）。为了防止节点失败，应该最少设置两个以上的 proxy server。proxy server 要确保数据已经成功地写入 Storage Nodes 的硬盘上。

- Storage Server：为集群提供硬盘上的存储，在Swift中总共有三种不同的Storage Server分别是Account、Container、Object。

- Account：在Swift中，一个Account就是一个存储系统中的用户，Swift可以使多个用户同时访问存储系统。

- Containe：就是一个Account用来存储Object的命名空间，类似于文件系统文件夹的概念。

- Objects：实际存储在Swift中的数据，可以是任何类型的文件，比如书、照片、录像、数据库备份、文件系统的snapshot。

2.5 分布式数据库的优点和缺点

2.5.1 分布式数据库的优点

总体来说，相较于集中式数据库（单机数据库），分布式数据库具有平滑扩展、高可用、低成本三大优点。

- 平滑扩展与高性能是分布式数据库的一大优点，可以按需求平滑地进行节点扩展，是支持几十万级甚至百万级TPS/QPS处理的核心要求。

- 高可用：由于分布式数据库采用多副本及分布式事务处理等机制，使得其可以保证较高的可用性，以适应金融等领域的一些关键技术要求。

- 低成本：分布式数据库一般基于通用的 PC 服务器和操作系统，数据也存储在本地磁盘中，使得在硬件成本上，比传统小型机和高端磁阵有明显优势。高并发状态下，通过节点动态扩展，减小单位节点事务处理消耗成本。

2.5.2 分布式数据库的缺点

分布式数据库建立在 Brewer 等人提出的分布式系统 CAP 理论上，如图 2-9 所示，分布式数据库不能同时满足数据一致性（C）、原子

图 2-9 分布式系统的 CAP 理论

性（A）和分区容错性（P），只能至多同时满足其中的两种。

这样的前提下，具体到选择数据库的时候会出现问题，例如：

- 互联网应用对一致性要求相对较低，但是对高可用希望较高。

- 金融核心应用要求保证较高的一致性，又要保证5个9（即99.999%）及以上的高可用性。

- 选择数据库成难题。根据CAP理论，在上面举例的两种场景下，用户只能为了最大公约数，而去舍弃某种特性需求。

- 分布式数据库运维管理较为复杂。因为根据业务节点的需要，通常由几十台甚至数千台服务器组成，对于分布式硬件和软件的运维和管理就会复杂很多。节点管理的视图就显得很必要。

- 分布式数据库产品成熟度有待提高。相对于传统集中式数据库的数十年发展，分布式数据库产生的比较晚，目前仍处于发展早期。针对分布式数据库的优化器、数据类型、复杂查询、自定义函数和存储过程等高级特性参差不齐，有待进一步提升。

2.6 分布式数据库未来的趋势思考

没有一款产品是完美的，是时代成就了产品。分布式数据库是现代大数据和互联网业务蓬勃发展时期的产物，虽然它暂时适应了市场的需要，但是它本身也有着前文所描述的诸多缺陷。

关于未来，分布式数据库会有如下的一些趋势：

- 数据库会随着业务云化，未来一切的业务都会传到云端运行，不管是私有云或公有云，运维团队接触的可能再也不是真实的物理机，而是一个个隔离的容器或者"计算资源"，目前已经有所谓云原生的数据库，阿里巴巴和亚马逊提出了Serverless概念，那将是比云计算更先进了一个时代。

- OLAP和OLTP业务会真正融合，用户将数据存储进去后，需要较为方便高效的方式访问这块数据，但是OLTP和OLAP在SQL优化器/执行器的实现上一定是千差万别的。以往的实现中，用户往往是通过ETL

工具将数据从OLTP数据库同步到OLAP数据库，这一方面造成了资源的浪费，另一方面也降低了OLAP的实时性。对于用户而言，如果能使用同一套标准的语法和规则来进行数据的读写和分析，会有更好的体验。

- 未来的数据库的高可用会出现比流复制（主从日志同步）和Paxos/Raft更先进、更智能的方法，大家拭目以待。

第3章 AntDB 分布式关系数据库架构

3.1 AntDB 架构概览

AntDB 是基于 PostgreSQL 的分布式架构，包括计算节点（Coordinator）、数据节点（Datanode）、全局事务管理器（GTMCoordinator）和管理节点（ADBManager）四种组件，其中 GTMCoordinator 和 Datanode 为有状态的组件，需要考虑容灾，一般情况下有备节点（Slave 节点），如图 3-1 所示。

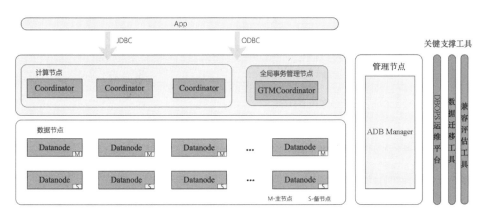

图 3-1 AntDB 架构图

计算节点（Coordinator）：具有 SQL 解析、优化、路由、结果汇聚、分布式事务控制等功能。用户可以连接到此类型的节点上，进行 DDL 等所有的 SQL 操作。一般情况下，不需要创建备节点，当某一个 Coordinator 有故障且不可恢复时，可以直接移除此类型的节点，不会对集群产生影响。同时，当有需要的时候，可以增加 Coordinator master 节点。

全局事务管理器（GTMCoordator）：分布式事务管理重要组件，提供事务 ID 和事务快照以及全局序列号、时间戳，参与 2PC 提供分布式 MVCC 能力。同时，提供和计算节点（Coordinator）同样的功能，用户可以直接连接到此节点上，执行增删改查。一个集群只能有一个 GTMCoordator MASTER 节点，且需要创建备节点。

数据节点（Datanode）：业务数据存储组件，通过分库分表实现数据库能力水平扩展，支持数据节点分组管理。用户的数据会根据表的分片方式来分布到各个 Datanode 上。目前 AntDB 支持 Hash、Replication、Random、Modulo 四种分片方式。此类型节点只能提供数据读的能力。一般情况下，用户不会直接连接到此类型节点上直接执行操作。数据节点的故障会对集群产生较大影响，因此，需要创建备节点。

管理节点（ADBManager）：用户可以通过管理节点创建集群、管理集群、参数配置等。目前，除了 ADBManager，还有 AntDB 的配套工具 DBOPS 可以提供更强大的集群管理以及监控功能。

3.2 AntDB 的 SQL 引擎

3.2.1 计算节点Coordinator

计算节点（Coordinator）是数据节点（Datanode）与应用之间的接口，其主要功能有：

- 处理来自客户端的连接并对连接进行身份验证。
- 接收客户端的SQL，生成执行计划并下发给相关的数据节点。
- 管理事务的提交。
- 存储系统表信息。

1. 连接与身份认证

虽然数据节点（Datanode）是 AntDB 系统中实际存储数据的地方，但是它们不直接接受来自客户端的连接请求，负责处理连接请求和身份验证的是

Coordinator 节点。AntDB 的 Coordinator 节点基本沿用 PostgreSQL 处理连接和身份验证的机制，所以类似于 PostgreSQL。如表 3-1 列举了一些参数如何对连接和身份认证功能进行配置。

表 3-1　参数配置

参数名称	设置说明	是否重启生效
listen_addresses	指定服务器在哪些 TCP/IP 地址上监听客户端连接。值的形式是一个逗号分隔的主机名和 / 或数字 IP 地址列表。默认值是 localhost	是
post	服务器监听的 TCP 端口；默认是 5432	是
max_connections	数据库的最大并发连接数。默认值通常是 100 个连接	是
superuser_reserved_connections	为 PostgreSQL 超级用户连接而保留的连接数。默认值是 3 个连接。这个值必须小于 max_connections	是
unix_socket_directories	服务器用于监听来自客户端应用的连接的 unix 域套接字目录。默认值通常是 /tmp	是
unix_socket_group	设置 unix 域套接字的所属组（套接字的所属用户总是启动服务器的用户）。默认是一个空字符串，表示服务器用户的默认组	是
unix_socket_permissions	设置 unix 域套接字的访问权限。unix 域套接字使用普通的 unix 文件系统权限集。默认的权限是 0777，意思是任何人都可以连接。合理的候选是 0770（只有用户和同组的人可以访问，参见 unix_socket_group）和 0700（只有用户自己可以访问）	是
authentication_timeout	允许完成客户端认证的最长时间。如果一个客户端没有在这段时间里完成认证协议，服务器将关闭连接。没有单位，则以秒为单位。默认值是 60 秒	是
password_encryption	当在 CREATEROLE 或者 ALTER ROLE 中指定了口令时，这个参数决定用于加密该口令的算法。默认值是 MD5，它会将口令存为一个 MD5 哈希（on 也会被接受，它是 MD5 的别名）。将这个参数设置为 scram-sha-256 将使用 SCRAM-SHA-256 来加密口令	是
ssl	是否启用 SSL 连接。默认值是 off	是
ssl_ca_file	指定包含 SSL 服务器证书颁发机构（CA）的文件名。相对路径是相对于数据目录的。默认值为空，表示没有载入 CA 文件，并且客户端证书验证没有被执行	是
ssl_cert_file	指定包含 SSL 服务器证书的文件名。相对路径是相对于数据目录的。默认值是 server.crt	是

续表

参数名称	设置说明	是否重启生效
ssl_crl_file	指定包含 SSL 服务器证书撤销列表（CRL）的文件名。其中的相对路径是相对于数据目录的。默认值是空，表示没有载入 CRL 文件	是
ssl_key_file	指定包含 SSL 服务器私钥的文件名。相对路径是相对于数据目录。默认值是 server.key	是
ssl_ciphers	指定一个 SSL 密码列表，用于安全连接。默认值是 HIGH:MEDIUM:+3DES:!aNULL	是

2. 分析 SQL 语句和生成执行计划

兼容 Oracle 语法是 AntDB 的独有的功能，为此 Coordinator 为用户提供了两种语法模式：Oracle 和 PosgresSQL。而这两种语法模式下 SQL 语句的语法解析都主要是在 Coordinator 上完成。设置语法模式有两种方法：

● 设置GUC变量grammar，值是oracle或postgres，默认值是postgres。

● SQL语句前加上"/*ora*/"或"/*pg*/"的前缀。

以上两种方法的区别是，前后的作用域是整个会话，后者仅作用于单条 SQL 语句。

无论是 Oracle 语法模式还是 PosgresSQL 语法模式，SQL 语句在 Coordinator 上进行词法、语法和语义分析后会为其创建查询树并进行优化，然后采用动态规划算法或遗传算法生成最优路径，最后得到执行计划。用户可以调整表 3-2 所列参数或代价常量对查询的性能进行优化。

表 3-2　参数设置

参数	值类型	设置说明
enable_bitmapscan	bool	启用或禁用查询计划器对位图扫描计划类型的使用。默认为启用
enable_gathermerge	bool	启用或禁用查询计划器对收集合并计划类型的使用。默认为启用
enable_hashagg	bool	启用或禁用查询计划器对散列聚合计划类型的使用。默认为启用
enable_hashjoin	bool	启用或禁用查询计划器对散列连接计划类型的使用。默认为启用

参数	值类型	设置说明
enable_indexscan	bool	启用或禁用查询计划器对索引扫描计划类型的使用。默认为启用
enable_indexonlyscan	bool	启用或禁用查询计划器对仅索引扫描计划类型的使用。默认为启用
enable_material	bool	启用或禁用查询计划器对物化的使用。完全抑制物化是不可能的，但是关闭这个变量可以防止规划器插入物化节点，除非在正确性需要的情况下。默认为启用
enable_mergejoin	bool	启用或禁用查询计划器对合并连接计划类型的使用。默认为启用
enable_nestloop	bool	启用或禁用查询计划器对嵌套循环连接计划的使用。默认为启用
enable_seqscan	bool	启用或禁用查询计划程序对顺序扫描计划类型的使用。默认为启用
enable_sort	bool	启用或禁用查询规划器使用显式排序步骤。默认为启用
enable_tidscan	bool	启用或禁用查询计划程序对 TID 扫描计划类型的使用。默认为启用
seq_page_cost	float	设置规划器对作为一系列顺序提取的一部分的磁盘页面提取的成本的估计。默认值为 1.0
random_page_cost	float	设置规划器对非顺序获取的磁盘页面的成本的估计。默认值为 4.0

3. 管理事务的提交

为了保证数据一致性，大多数的分布式数据库都会使用两阶段提交算法，两阶段提交算法把提交分成两步进行，并且要求每个事务的提交都要得到集群所有节点的确认，该特性对性能造成不良影响。

AntDB 研发团队通过对大量真实案例进行分析，发现在真实使用场景中大多数时候事务操作的数据仅限在单个数据节点中，对于这样的事务其实是不需要进行两阶段提交的。于是，AntDB 改进了 Coordinator 的事务提交流程。如果事务操作数据仅涉及单个数据节点，那么 Coordinator 仅进行一阶段提交，只需要确认对应的数据节点已经完成提交那么任务事务提交即已完成。只有当事务操作的数据涉及两个或两个以上数据节点时，Coordinator 才会启动两阶段提交。

AntDB 的 Coordinator 两阶段提交流程如图 3-2 所示。

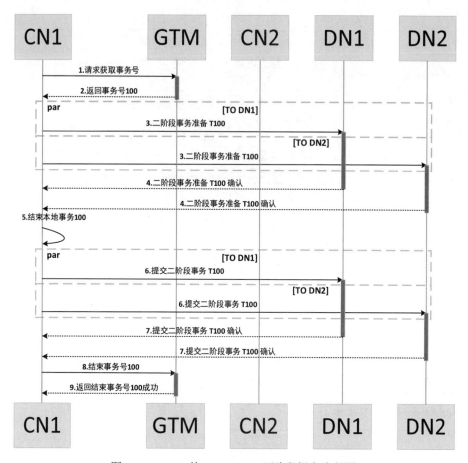

图 3-2　AntDB 的 Coordinator 两阶段提交流程图

　　简单来说，发起两阶段提交的 Coordinator 节点称为协调者，集群的其他所有节点（类型包括 GTM、Coordinator 和 Datanode）称为参与者。两阶段提交分为提交请求阶段和提交阶段：提交请求阶段，协调者向所有参与者发送 prepare 请求与事务内容，询问是否可以准备事务提交，并等待参与者的响应，参与者执行事务中包含的操作，并记录相关日志，但不真正提交，然后给协调者返回执行结果（成功或失败）；提交阶段，当所有参与者都返回执行成功时，协调者向所有参与者发送 commit 请求，参与者收到该请求后，真正提交事务，并向协调者返回确认，协调者收到所有参与者返回的确认消息后，事务提交成功。但当有参与者返回执行失败或超时没返回时，协调者向所有参与者发送 rollback 请求，参与者收到该请求后，根据 undo 日志进行回滚操作，并向协调者返回确认，协调者收到所有参与者返回的确认消息后，事务回滚完成。

4. 存储系统表信息

当用户查询系统表信息时，Coordinator 返回的是本地保存的系统表信息。那么集群中多个 Coordinator 之间是如何同步系统表信息的呢？

当集群中的某个 Coordinator 接收到 DDL 语句时，会执行这个 DDL 语句并把该 DDL 语句发送给集群中的其他所有 Coordinator 和 Datanode 节点，其他 Coordinator 节点接收到该 DDL 语句后检查其来源，发现是来自集群中另一 Coordinator 节点时，便会执行但不会转发该 DDL 语句，这样由 DDL 语句引起的系统表变更就会同步到集群中的所有 Coordinator 节点中。

当需要新增 Coordinator 节点时，AntDB 管理模块是通过 pg_basebackup 为某个 Coordinator 节点创建一个备节点，当新的 Coordinator 节点把数据完全同步后，AntDB 管理模块通过修改新的 Coordinator 节点的配置使其作为新的主节点加入集群中。

3.2.2　全局事务管理节点

全局事务管理节点（Global Transaction Management，GTM）是 AntDB 的核心组件。

GTM 是为保持数据库的全局一致性而存在的。有些 PG 分布式数据库如 Postgres-XL 实现全局一致性的方法是集群中每个节点的每个事务使用的事务号和快照都来自 GTM，只要让 GTM 提供全局唯一的事务 ID（即 GXID）和全局快照，整个集群就能保持一致的可见性，从而保持数据库的一致性。但是为了保证提供的事务号全局唯一，GTM 必须要以类似"串行"的方式处理事务号和快照的请求，这可能会使 GTM 成为数据库集群的性能瓶颈。

AntDB 设计了可以让 Coordinator 和 Datanode 从本地就可以获取全局快照的算法，从而避免为了获取快照而向 GTM 进行请求的操作，这样极大地减少了 GTM 的压力。

AntDB 的 GTM 虽然不需要向其他节点提供全局快照，但是仍需要向它们提供 GXID。

GTM 与其他节点之间申请、分发活动事务号的流程如下：

（1）集群节点启动时，Coordinator 和 Datanode 的 SnapRcv 进程会和 GTM

的 SnapSender 进程进行连接。

（2）某个节点的 backend 进程需要申请事务号的时候，通过 SnapRcv 进程向 GTM 的 SnapSender 进程发送申请事务号请求。

（3）GTM 的 SnapSender 进程收到申请事务号请求后生成一个 GXID，然后把这个 GXID 返回给申请事务号的 SnapRcv 进程，并把该 GXID 加入待分发事务号列表中。

（4）当 GTM 的待分发事务号列表不为空时，GTM 的 SnapSender 会逐个取出次列表中的事务号，分发给集群中所有节点的 SnapRcv 进程。

（5）节点的 SnapRcv 进程收到 SnapSender 分发下来的事务号后，存储在本地活跃事务列表中。

GTM 与其他节点之间申请、分发结束事务号的流程与活动事务号的申请和分发流程，类似：节点的 backend 进程通过 SnapRcv 进程向 GTM 的 SnapSender 进程请求事物号，SnapSender 进程回复结束事务号成功后，向所有节点的 SnapRcv 进程分发结束事务号，各节点收到结束事务号后把此事务号从本地活跃事务号列表中剔除。

3.3　AntDB 执行器技术

在数据库系统中，服务端接收到一个查询请求，经过词法分析、语法分析、优化重写等步骤之后，最终转变为执行计划。执行器根据执行计划，一步一步地进行数据提取、数据处理、数据存储等过程，最终实现查询请求。分布式数据库拥有分布式执行计划，与传统单机数据库相比拥有更高的扩展性。本节将介绍 AntDB 分布式数据库执行计划生成与执行机制。

数据库的服务端，可以划分为执行器（Executor）和存储引擎（Storage Engine）两部分。其中执行器负责解析 SQL 命令并执行查询。数据库收到查询请求后，需要先解析 SQL 语句，把这一串文本解析成便于程序处理的结构化数据，然后生成一个逻辑执行计划，最后再转换成和数据的物理存储结构相关的物理执行计划，从目标节点中调取所需的数据，从而完成整个数据查询的过程。

3.3.1　逻辑计划与物理计划

执行器执行之前，需要计划的支撑，计划分为逻辑计划和物理计划。原始的逻辑计划和物理计划可能不是最优的，需要对其做进一步的优化。逻辑优化是建立在关系代数基础上的优化，关系代数中有一些等价的逻辑变换规则，通过对关系代数表达进行逻辑上的等价变换，会获得执行性能比较好的等式，这样就能够提高查询的性能。物理优化则是对建立物理执行路径的过程进行优化，关系代数中虽然指定了两个关系如何进行连接操作，但是这时的连接操作属于逻辑运算符，它没有指定以何种方式实现这种逻辑连接，而查询执行器是不"认识"关系代数中的逻辑连接操作的，需要生成多个物理连接路径来实现关系代数中的逻辑连接操作，并且根据查询执行器的执行步骤，建立代价计算模型，通过计算所有物理连接路径的代价，从中选择"最优"的路径。

逻辑计划与物理计划的关系就好比外出旅游，逻辑计划相当于告诉去哪里，物理计划相当于具体怎么去，选择什么样的交通方式，是步行、开车还是坐飞机。最后，当真正动身去旅游时就相当于执行。

同单机数据库相比，在执行计划方面，AntDB 在生成逻辑计划时是相同的，而在由逻辑计划生成物理计划时会有较大的不同。当由逻辑计划生成物理计划时，AntDB 会根据各个节点的数据分布、表信息、节点信息，生成分布式的物理计划。

3.3.2　分布式执行

分布式执行的关键思想是如何从逻辑执行计划到物理执行计划，这里主要涉及两个方面的处理：一个是计算的分布式处理；另一个是数据的分布式处理。

一旦生成了物理计划，系统就需要将其拆分并分布到各个 Node 之间进行运行。每个 Node 负责本地调度输入和计算资源。Node 还需要彼此之间能够通信以将输出连接到输入，这里需要一个网络流接口来连接这些组件。为了避免额外的同步成本，需要足够灵活的执行环境以满足上面的所有操作，以便不同的 Node 除了执行计划初始的调度，还可以相对独立地启动相应的数据处理工作，而不会受到协调节点的其他编排影响。

数据库集群中的协调节点会创建一个调度器，它接收一组物理计划对应的查询请求片段，设置输入和输出相关的信息，创建本地计算资源并开始执行。

在 Node 对输入和输出数据进行处理的时候，需要对该查询请求进行控制，以拒绝请求中的某些查询类型。

对于跨节点的执行，协调节点首先会序列化对应的物理查询请求片段，并通过网络通信接口发送到远端 Node，远端 Node 接收后，会先还原物理查询请求，并创建其包含的本地计算资源和交互使用的 stream（TCP 通道），完成执行框架的搭建，之后开始由协调节点发起驱动多节点计算。多个物理查询请求通过协调节点进行异步调度，实现整个分布式框架的并行执行。对于本地执行，其实就是并行执行，每个计算资源并发同步以及调用例程都可以作为多进程运行，它们之间由共享内存互联，可以缓冲信道以使生产者和消费者同步。

为实现分布式并发执行，数据库在执行时引入了 Background Worker 的功能，对于 Join 和 Aggregator 等复杂算子根据数据分布特征，实现了三种数据再分布方式，分别为镜像再分布、哈希再分布和范围再分布。通过数据再分布，将算子内部拆分为两阶段执行，第一阶段在数据所在节点做部分数据的处理，处理后的结果，根据算子类型会进行再分布，然后在第二阶段汇集处理，从而实现了单个算子多节点协作执行。

3.3.3 分布式执行计划的优势

同单机数据库相比，AntDB 的分布式执行计划使得数据库有更高的扩展性，可以有效管理更多的数据，可以支持更大规模的数据集读写。单机数据库的扩展性是有限的，在单机场景下，数据库在管理超大规模数据时会有较大的限制，读写的效率会随着表数据的增加而大幅降低。

在分布式执行计划中，表数据被分散在多个节点上，这大大降低了单节点的数据量，在保存同样数据量的场景下，AntDB 可以充分利用多个节点的存储与计算资源。比如在单机场景下，对于某个复杂的表，可能其数据量从 500 万行到 1 千万行的处理效率衰减得十分严重，但在分布式场景下，均衡负载时该表被分配到多个节点上，各个节点的实际数据增量并不多，不会有单机场景下的突然性能衰退。

分布式执行计划还可以做到读写计算的分布式执行。每个节点可以在自己的节点进行独立的计算，并在最后综合得到准确的计算结果。在大部分场景下分布式执行比单机数据库的执行有着较大的优势。

3.4　AntDB 存储技术

3.4.1　存储节点

分布式数据库一般采用无共享（Shared-nothing）架构，数据分布在网络的多个互联的节点上，这样做有多种好处：

（1）数据量、读取负载、写入负载超过单台机器的处理能力。

（2）满足容错和高可用需求，单台机器（或多台机器、网络或整个数据中心）出现故障的情况下，仍然能继续工作。多台机器可以提供冗余，一台机器出现故障，另一台机器可以接管。

（3）降低延迟，每个用户可以从地理上最近的数据中心获取服务，避免数据包远距离传输，以提高效率。

存储节点（DN）是 AntDB 集群用来真正存储业务数据的组件。通过分库分表实现数据库能力的水平扩展，提供多种分片函数，支持定制开发，支持数据节点的分组管理等能力。

3.4.2　Hash分片技术

单台机器很难处理海量的数据或者很高的并发查询，需要把数据拆分到多个节点上，在多个节点上进行存储和处理，这种技术叫作数据分区，也称为数据分片。数据分片的主要目的是提高可扩展性，使数据分散到多个节点上，如果对单个分区进行查询，每个节点都只对自己所在的节点进行独立查询。

分布式存储系统需要解决的两个最主要的问题：数据分片和数据冗余，通过图 3-3 来解释其概念和区别。

图 3-3 中，数据集 A、B 属于数据分片，原始数据被拆分成三个正交子集分布在三个 DN 节点上。而数据集 C 属于数据冗余，同一份完整的数据在三个节点都有存储。

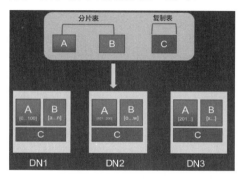

图 3-3　数据分片及数据冗余示意图

AntDB 提供 Hash 分片、Mod 取模分片、Random 随机分片及复制表等多种分片方式。下面重点描述 Hash 分片技术。哈希表（散列表）是最常见的数据结构，根据记录的关键值将记录映射到表中的一个槽（slot）中，便于快速访问。绝大多数编程语言都支持 Hash 表，如 Python 中的 dict，C++ 中的 map，Java 中的 Hashtable，Lua 中的 table，等等。在 Hash 表中，最为简单的散列函数是 mod N（N 为 DN 节点的个数）。即首先由关键值计算出 Hash 值（这里是一个整型），通过对 N 取余，余数即是在表中的位置。

AntDB 数据分片的 Hash 技术也是基于这个思想，即按照数据的某一特征（key）来计算哈希值，并将哈希值与系统中的节点建立映射关系，从而将哈希值不同的数据分布到不同的节点上。

示例如图 3-4 所示。假如选择 id 作为数据分片的 key，那么各个节点负责的数据如下：

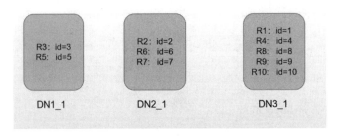

图 3-4　Hash 分片数据分布示意图

```
[zgy@adb01 ~]$ coord1
psql (5.0.0 ab76d68221 based on PG 11.6)
Type "help" for help.

antdb=# select * from pgxc_node;
 node_name | node_type | node_port |    node_host   | nodeis_
primary | nodeis_preferred | nodeis_gtm |   node_id   | node_
master_oid
-----------+-----------+-----------+----------------+---------------
--+------------------+------------+-------------+----------------
 gtmc  | C | 41500 | 172.10.13.208 | f   | f   | t   | 1377361231
 |    0
 cn2   | C | 41005 | 172.10.13.207 | f   | f   |f   -1923125220
 |    0
```

```
 cn3   | C     | 41009 | 172.10.13.207 | f  | f| f   |  1101067607
|    0
 cn1   | C     | 41003 | 172.10.13.207 | f  | f| f   | -1178713634
|    0
 dn1_1 | D     | 41200 | 172.10.13.207 | t  | f| f   |   915764440
|    0
 dn2_1 | D     | 41201 | 172.10.13.207 | f  | f  |f  |-1743627245
|    0
 dn3_1 | D     | 41202 | 172.10.13.208 | f  | f  | f   |
633885874 |    0
(7 rows)

antdb=# create table test (id int ,name text) distribute by
hash(id);
CREATE TABLE
antdb=# \d+ test
                    Table "public.test"
Column|Type|Collation|Nullable|Default|Storage|Stats
target|Description
-----+------+--------+-------+------+-------+----------+--------
 id    | integer |     |     | | plain    | |
 name  | text    |     |     | | extended | |
DISTRIBUTE BY HASH(id)  TO NODE(dn1_1,dn2_1,dn3_1)

antdb=# insert into test select generate_
series(1,10),'user_'||generate_series(1,10);
INSERT 0 10
antdb=# execute direct on (dn1_1) 'select * from test';
 id | name
----+--------
  3 | user_3
  5 | user_5
(2 rows)

antdb=# execute direct on (dn2_1) 'select * from test';
 id | name
----+--------
  2 | user_2
  6 | user_6
  7 | user_7
(3 rows)
```

```
antdb=# execute direct on (dn3_1) 'select * from test';
 id |  name
----+---------
  1 | user_1
  4 | user_4
  8 | user_8
  9 | user_9
 10 | user_10
(5 rows)

antdb=# select * from test ;
 id |  name
----+---------
  2 | user_2
  6 | user_6
  7 | user_7
  1 | user_1
  4 | user_4
  8 | user_8
  9 | user_9
 10 | user_10
  3 | user_3
  5 | user_5
(10 rows)
```

由此可见，按照 Hash 方式做数据分片，映射关系非常简单，需要管理的元数据也非常少，只需要记录节点的数目以及 Hash 方式就可以了。

但 Hash 分片方式的缺点也非常明显：当加入或者删除一个节点的时候，大量的数据需要移动。比如在某处增加一个 DN4_1 数据节点且 DN4_1 数据节点也想共同存储 test 表数据，那么 N（DN 节点的个数）由 3 变成 4 了，原本的 mod 3 就需要变成 mod 4，test 表数据需要移动。因此，当前 AntDB 新增加数据节点的情况下，原本表的分布节点不会主动发生变化。在 AntDB 数据库中，为了减少迁移的数据量，在线热扩容技术里节点的数目均是成倍增长，这样最多有 50% 的数据发生迁移。

Hash 方式还有一个缺点，即很难解决数据不均衡的问题。有两种情况：第一，原始数据的特征值分布不均匀，导致大量的数据集中到一个物理节点上；第二，对于可修改的记录数据，单条记录的数据变大。这两种情况，都会导致

节点之间的负载不均衡，而且在 Hash 方式下很难解决。对于此场景，AntDB
提供 random 随机分片方式可以解决该类数据倾斜的问题。

3.4.3　水平动态扩展技术

数据库集群安装完成后，其数据存储容量是预先规划并确定的。随着时间
的推移以及业务量的增加，数据库集群中的可用存储空间不断减少，面临数据
存储容量扩充的需求。

通过增加数据节点，扩充集群数据容量，必然需要对已有数据重新分布，
即将已有数据迁移到其他数据节点。传统的分布式集群存储扩容方案中，数
据迁移时，禁止对数据进行访问，而数据迁移时间较长，从而影响了可用性。
AntDB 提供的 hot expasion 扩容方案中，将原有的数据迁移分成数据同步和路
由切换两个阶段。

在数据同步阶段，通过热备和流复制技术，保证新增节点增量追加源节点
数据，不对表加锁，不影响数据库集群对外提供服务。当新增节点与源节点数
据同步时间在秒级时，进入路由切换阶段。锁住集群，暂停集群对外服务，等
到并确认源节点与新增节点数据一致后，修改访问路由，最后解锁集群，恢复
集群对外服务。

通过将数据迁移划分为两个阶段，hot expasion 扩容方案将扩容对集群可
用性的影响时间，从整个数据迁移阶段缩小到路由切换阶段，由于路由切换正
常在 10 秒内可以完成，从而极大地减少扩容对集群可用性的影响。

hot expasion 的扩容是针对单个数据节点的扩容。假设集群中现有 DN 节点
A，当节点 A 不足以容纳数据时，添加节点 B，将节点 A 中原有数据，重新分
布到 A 与 B 两个节点，从而达到增加集群容量的目的。节点 A 成为被扩容节点，
节点 B 成为扩容节点。

如图 3-5 所示为 AntDB 水平动态扩容流程，具体为：

（1）数据同步阶段：将节点 A 数据同步到节点 B。不对节点 A 加锁，不
影响对节点 A 的访问。当节点 A 与节点 B 数据同步时间在秒级时，进入路由
切换阶段。

（2）路由切换阶段：锁定集群，等待并确定节点 A 和节点 B 数据一致后，

将节点 B 加入路由表，解除集群锁。新的访问使用更新后的路由。

（3）数据清除阶段：将 A 与 B 两个节点中不属于本节点的冗余数据删除。

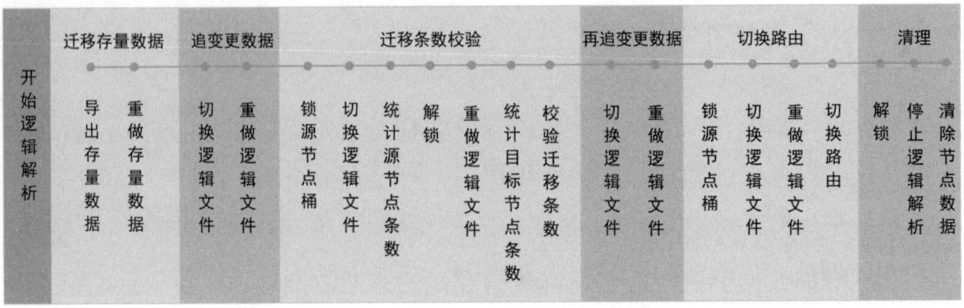

图 3-5　AntDB 水平动态扩容流程

hot expasion 扩容方案的核心是：通过增量数据复制，减少数据迁移对集群可用性的影响。该方案需要对原有的表定义、数据路由和数据可见性的处理进行修改，并支持合理高效的冗余数据删除。

3.5　AntDB 事务机制

3.5.1　全局一致性

AntDB 的集群架构包括，一个 GTM（Global Transaction Manager）、多个 Coordinator（CN）、多个 Datanode（DN）。其中 GTM 负责给其他的 DN 和 CN 分发集群全局唯一的事务号和集群当前判断可见性的 SnapShot。CN 为计算节点，负责接收客户端连接，并且做词法、语法和语义分析，还会判断语句或者执行计划需要发送到哪些 DN。DN 为存储节点，负责存储最终的数据信息。

AntDB 采用与 PGXC 一样的 2PC 两阶段协议来保证分布式数据库一致性。假设用户 A 向用户 B 转账，用户 A 需要转账 50 元给用户 B。用户 A 的数据分片在 DN1 上，用户 B 的数据分片在 DN2 上。CN1 连接到 DN1 和 DN2，分别对用户 A 数据减去 50，用户 B 数据加上 50，最终 CN1 需要 commit 提交的时候，需要分别到 DN1 和 DN2 上做两阶段提交。

3.5.2　2PC协议和Paxos协议

在数据库领域，提到分布式系统，就会提到分布式事务。Paxos 协议与分布式事务并不是同一层面的东西。分布式事务的作用是保证跨节点事务的原子性，涉及事务的节点要么都提交（执行成功），要么都不提交（回滚）。分布式事务的一致性通常通过 2PC（Two-Phase Commit）来保证，这里面涉及一个协调者（CN）和若干个参与者（DN）。第一阶段，协调者询问参与者事务是否可以执行，参与者回复同意（本地执行成功），回复取消（本地执行失败）。第二阶段，协调者根据第一阶段的投票结果进行决策，当且仅当所有的参与者同意提交事务时才会提交，否则回滚。2PC 的最大问题是，协调者是单点（需要有一个备用节点），另外协议是阻塞协议，任何一个参与者故障，都需要等待（可以通过加入超时机制）。

Paxos 协议用于解决多个副本之间的一致性问题。比如日志同步，保证各个节点的日志一致性，或者选主（主故障情况下），保证投票达成一致，选主具有唯一性。简而言之，2PC 用于保证多个数据分片上事务的原子性，Paxos 协议用于保证同一个数据分片在多个副本的一致性，所以两者是互补的关系，而不是替代关系。对于 2PC 协调者单点问题，可以利用 Paxos 协议解决，即当协调者出问题时，选一个新的协调者继续提供服务。工程实践中，Google Spanner、Google Chubby 就是利用 Paxos 来实现多副本日志同步。当前 AntDB 还尚未引入 Paxos 协议，下一步考虑使用 Paxos 协议来实现分布式模式下"一主多备"的高可用。

2PC 流程在 AntDB 内部流程如图 3-6 所示。

（1）CN1 从 GTM 请求并获得，集群全局，SnapShot。

（2）CN1 从 GTM 请求并获得，集群全局唯一 TransactionID，事务号 100。

（3）CN1 到 DN1 上对用户 A 减去 50，同时到 DN2 上对用户 B 加上 50。

（4）CN1 分别操作用户 A 和用户 B 的数据成功后，需要提交该事务。两阶段的第一阶段，分别到 DN1 和 DN2 预提交。即 prepare transaction T100。

（5）DN1 和 DN2 都能预提交成功并且成功返回 ACK。

（6）CN1 本地结束事务号 100。

（7）CN1 分别到 DN1 和 DN2 上进行两阶段的第二阶段，真正地提交 T100。

（8）DN1 和 DN2 提交成功并且成功返回 ACK。

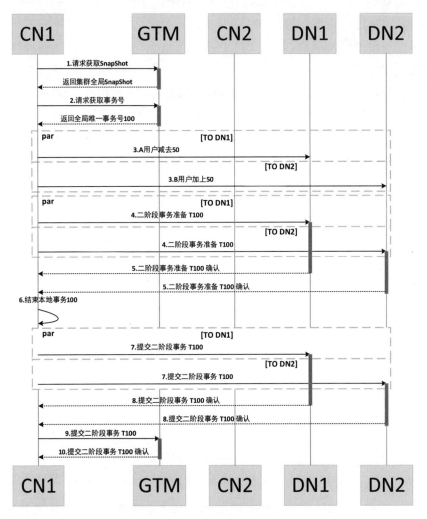

图 3-6 AntDB 分布式两阶段流程

如果第（5）步，任何一个节点返回预提交失败，第（6）、（7）步分别需要本地 rollback 和两阶段第二阶段 rollback prepared T100。这样就能实现两个或多个节点，同时成功或同时失败。

AntDB 5.0 优化了 GTM 事务号和 SnapShot 分发流程，减少了 CN 和 GTM

的实时交互，并实现了一种 CN 在本地获取 SnapShot 的方法。AntDB CN/DN 申请和结束事务号流程如图 3-7 所示。

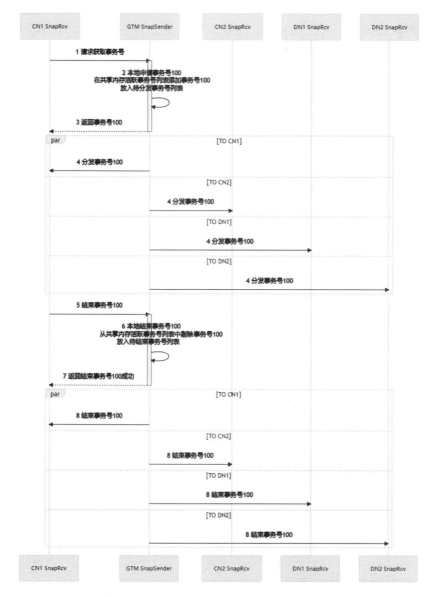

图 3-7　AntDB CN/DN 申请和结束事务号流程

（1）Client CN1 某一个连接进程需要获取事务号，发送请求给本地进程 SnapRcv。SnapRcv 与 GTM SnapSender 有 TCP 长连接。SnapRcv 发送申请事务号请求给 GTM SnapSender 获取事务号。

（2）GTM SnapSender 收到申请事务号请求，在本地获取集群全局唯一事务号，返回给 SnapRcv，同时放入待分发事务号列表中，触发 GTM SnapSender 去处理待分发和待结束事务号列表。

（3）Client CN1 SnapRcv 收到返回的事务号后，通知 Backend 服务进程，Backend 继续处理。

（4）GTM 处理事务号分发列表，把 CN1 申请的事务号发送给所有的 SnapRcv Client。所有的 SnapRcv 收到 GTM SnapSender 分发的事务号，放入 SnapRcv 活跃事务号列表中。

（5）Backend 结束事务号，SnapRcv 发送结束事务号请求到 GTM SnapSender。

（6）GTM SnapSender 收到 SnapRcv 请求，把要结束的事务号放入待结束事务号列表，立即返回给 Client，同时触发 GTM SnapSender 处理分发和结束事务号列表。

（7）CN1 SnapRcv 收到结束事务号返回，结束该 Backend 进程等待。Backend 继续处理。

（8）GTM SnapSender 发送结束事务号消息到所有的 SnapRcv。SnapRcv 收到消息后，从活跃事务号列表中剔除要结束的事务号。

SnapRcv 发送包括申请和结束事务号消息，为 Backend 进程服务。SnapRcv 接收申请事务号和结束事务号相对应，返回给等待的 Backend 进程。SnapRcv 接收 GTM SnapSender 分发和结束的事务号列表，来更新到本地共享内存中。SnapRcv 维护集群活跃事务号列表，提供给本地 Backend 获取 Snapshot。

3.6　AntDB 企业增强特性介绍

3.6.1　数据分布式存储

采用水平分表的方式，将业务数据表的元组打散存储到各个节点中。这样带来的好处有，查询中通过查询条件过滤不必要的数据，快速定位到数据存储位置，可极大地提升数据库性能。

水平分表方式即将一个数据表内的数据，按合适分布策略分散存储在多个节点内，AntDB 支持表 3-3 所示的数据分布策略。用户可在创建表时增加 DISTRIBUTE BY 参数，来对指定的表应用数据分布功能。

表 3-3　分布式功能

分布式方式	描述	场景
Hash 分布（默认）	根据元组中指定字段的值计算出哈希值，根据节点与哈希值的映射关系获得该元组的目标存储位置	适用于表数据量较大、需要提升查询性能的场景
random 随机分片	数据随机分布到节点	适用于数据分布不均的场景
modulo 取模分片	按照 DN 个数进行取模，只需要指定取模的列	适用于列值比较离散的场景
replication 复制表	在每个 DataNode 上都保留完整的数据	适合数据量较小的表，广播到所有的数据节点，提供数据表连接查询的性能
自定义	按照用户的逻辑分布	已有分布方式不能满足用户的要求，用户想根据自己的逻辑来分布数据

1. 流程设计

自定义数据分片是 AntDB 支持的多种数据分片形式中的一种，并且比较特殊，分片函数是用户自定义的，而非系统自带。在支持 Hash（column）、modulo（column）、random、replication 四种分区方式的基础上增加了自定义函数的方式进行分片，大大提升了数据灵活分片的能力，如图 3-8 所示。

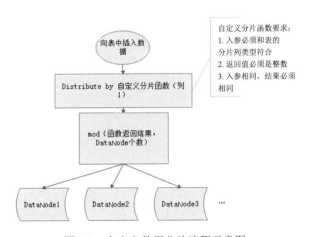

图 3-8　自定义数据分片流程示意图

2. 实现说明

自定义分片语法：Create table tablename column_lists distribute by functionname (column_lists)，其中 functionname() 是用户自定义的函数。

分片函数返回值校验：自定义分区函数的返回值须为整数（smallint、integer、bigint 均可），自定义分区函数的参数须为表的可见字段（不可为隐藏字段或固定值），且同样参数返回结果必须不可变。

自定义分片数据分发：将一张分布式表按照用户自定义函数分片规则水平拆分成多个数据片，分散在多个数据存储节点中。

自定义分片与其他形式数据分片方式转换：可以通过修改表的分片方式，将自定义分片表向其他分片形式转换，且表数据自动按照新的分片规则进行重平衡。

3.6.2　分布式集群下强一致备份恢复技术

AntDB 使用 barman 实现数据的备份和恢复，但是集群节点部署在多台主机上，每个节点单独备份和恢复。多台服务器时钟不同步的情况下同时备份后，无法真正实现基于时间点的数据完全和不完全恢复。AntDB 提供基于时间点的全局一致性备份恢复。

AntDB 可以根据用户定制的备份策略在分布式场景下进行全量备份和增量备份，并通过基于时间点的全局一致性 WAL barrier 位点技术实现全局节点强一致性的数据恢复。这彻底解决了这样的难题：在分布式场景下，若在多台服务器时钟不同步的情况下同时备份，则无法真正实现基于时间点的数据完全和不完全恢复。

1. 流程设计

barrier 是所有节点一致性位点，连接 coordinator 执行"CREATE BARRIER <barrier_name>"语句。

通过 barman 恢复数据，recovery.conf 基于 barrier 的恢复，确保集群各个数据节点均恢复到一致的状态（全局 barrier 点），如图 3-9 所示。

2. 实现说明

- 增加 create barrier 命令。

- 新增 barrier wal 类型：wal 日志中由特定的格式记录 barrier。

- 在各个节点新增 barrier wal 日志内容：在 create barrier 中 AntDB 各个节点的 wal 日志都会写入创建的 barrier 信息。

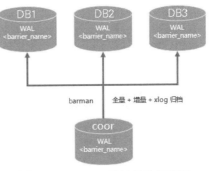

图 3-9　Barrier 一致性备份示意图

- 修改 barman 适配 barrier：修改 barman 工具支持数据库恢复的时候增加参数 target-barrier，以恢复到指定的 barrier 时刻。

- barman 工具适配 AntDB 节点：barman 工具是 Python 开发的，需要依赖 Python 环境和相应的模块，安装完成后设置相应的环境变量，以及修改默认的配置文件并添加需要备份节点的配置文件。

- 备份验证：配置好 barman 之后，通过 barman check 命令检查备份是否配置正确。

- 恢复验证：通过 barman recover 功能完成备份数据的恢复。

3.6.3　同步异步自适应流复制

AntDB 提供了 hot-standby 的能力，功能与 Oracle 11g 的 active standby 类似。并且通过流复制的方式，大大地缩短了备份库与主库的事务间隔。

传统流复制分为同步和异步两种模式。同步复制，即主机的事务要等到备机提交成功后才会提交并结束事务，缺点是备机故障时，主机会一直宕机；异步复制，即指主机的事务完全不受备机的影响，缺点是主备机之间在高并发场景下数据会存在时延，无法做到实时强一致性。很多时候，数据安全、持续高可用和处理性能之间需要取得平衡。AntDB 在同步异步流复制基础上新增一种自适应流复制模式：采用同步模式时，当备机故障后，主备机之间自动切换成异步流复制模式不会造成主节点宕机。

AntDB 如何做到满足金融行业需要，达到 RTO 为 14 秒左右所做的系统设计，主要有如下几个方面。

1. 流复制机制

AntDB 内核在流复制基础上实现了分布式跨平台内存级的流复制协议，以进行异构计算，通过流式事务处理机制可实现在高并发极限压力下主从节点间数据毫秒级同步延时，为业务的持续可用创造了底层有利条件，如图 3-10 所示。

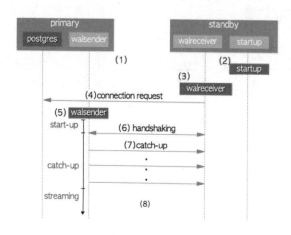

图 3-10　流复制执行流程

流复制执行流程如下：

（1）启动主备机数据库服务。

（2）在备机上启动 startup 进程。

（3）备机启动 walreceiver 进程。

（4）walreceiver 进程向主节点发送连接请求，如果主节点没有运行，该进程会定期不断地尝试建立连接。

（5）主节点接收到连接请求后，启动 walsender 进程。walsender 进程和 walreceiver 进程建立物理连接。

（6）walreceiver 进程向主节点发送自己保存的最新 LSN 号。

（7）如果备节点的 LSN 号小于主节点的 LSN 号，walsender 进程向备机发送两个 LSN 之间产生变化的事务日志到备节点。备节点收到事务日志后开始进行回放（replay），直到追平主节点。

（8）后续主节点的变化会通过实时流的方式发送到备节点。一旦 commit 成功，postgres 进程会通知 walsender 进程从 walbuffers 中读取最新变化的数据发送到备节点。

除了支持流式数据复制之外，还支持多种数据同步模式，如同步、异步、半同步和多数派提交协议，且可以多种同步模式组合实现层层级联复制，满足远程和本地等多样的数据同步需求，如图 3-11 所示。

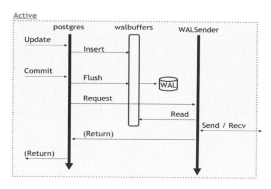

图 3-11　服务进程和 walsender 进程间触发机制

AntDB 内置了流复制的一些管理工具和系统视图，方便对流复制过程进行管理和监控，比如通过 pg_stat_replication 系统视图可以查看当前流复制的状态，如图 3-12 所示。

```
postgres=# select * from pg_stat_replication;
DEBUG:   StartTransactionCommand
DEBUG:   StartTransaction
DEBUG:   name: unnamed; blockState:          DEFAULT; state: INPROGR, xid/subid/cid: 0/1/0, nestlvl: 1, children:
DEBUG:   CommitTransactionCommand
DEBUG:   CommitTransaction
DEBUG:   name: unnamed; blockState:          STARTED; state: INPROGR, xid/subid/cid: 0/1/0, nestlvl: 1, children:
-[ RECORD 1 ]----+-------------------------------
pid              | 7171
usesysid         | 41017
usename          | repluser
application_name | walreceiver
client_addr      | 127.0.0.1
client_hostname  |
client_port      | 50623
backend_start    | 2014-10-13 09:13:32.936017-07
state            | streaming
sent_location    | 0/63004080
write_location   | 0/63004080
flush_location   | 0/63004080
replay_location  | 0/63004080
sync_priority    | 0
sync_state       | async

postgres=#
已连接 192.168.79.134:22.
```

图 3-12　pg_stat_replication 系统视图

2. 自适应切换

在 AntDB 内核实现中，当同步 slave 节点出现异常后，主节点接收不到备机的确认消息会导致主节点无响应，一直不返回消息，造成客户端无法为业务继续提供写服务，不符合业务连续性保障的设计。参考 Oracle 最大保护、最大性能、最大可用之间的自适应切换设计，AntDB 也提供了类似的内核实现，解决了备节点异常后业务依然可持续，如图 3-13 所示。

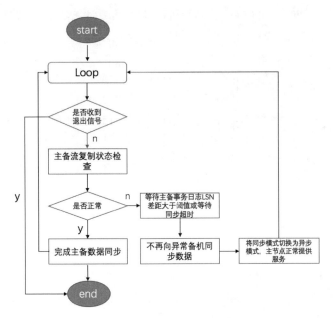

图 3-13　同步异步复制模式自适应切换流程

3.6.4　异构数据库兼容评估

在异构数据库迁移实施过程中，如何实现应用从 Oracle 等商业数据库透明平滑地迁移到 AntDB 中？其中最重要的一个环节就是实现对现有运行的生产数据库进行全面的数据采集、评估、分析、迁移和结果的校验。让一个烦琐的数据库替换过程可以全部自动完成。特别是对于金融、运营商等有了几十年积累的业务系统来说，表数量非常庞大，表之间的数据模型很少有人可以完整地描述清楚，一些历史比较久的业务系统有 3.6 万张表需要迁移，并且使用了大量的、各种各样的数据库对象，比如触发器、存储过程、DBLink、分区、视图，等等。试想如果 3.6 万张表需要人工去迁移，要完成 Oracle 的字段类型到新数据库字段类型的转换过程，这是一件任务量巨大且枯燥的工作，并且非常容易遗漏和出错。另外业务系统模块众多，并且由于人员的流动，使业务功能不断叠加，散落在系统中的 SQL 语句到底有多少，都散落在哪里，恐怕也没有人可以非常清楚地描述和统计出来。AntDB 提供的一键自动化工具就是为了适配这样的迁移复杂度才设计出来的。能让机器工具可重复地工作，绝不使用人工的方式进行，大幅地降低系统迁移的人力、时间成本以及实施风险。

整个兼容评估过程包括四个大的环节，下面分别进行介绍。

1. 环境评估

对需要迁移的系统，若没有工具自动采集数据进行评估，靠人工的方式一定会不可避免地出现遗漏或考虑不到的地方。通过 AntDB 数据采集并汇总 Oracle 数据库信息，包含环境信息、对象信息、SQL 信息、空间信息、性能信息、事务信息六大部分，全面覆盖数据库实际运行状况。该工具对应用代码无注入行干扰，可以作为一个旁路设备对 Oracle 的实际运行情况进行采集，对采集的数据会统一记录在文件中。

2. 兼容分析

在去 IOE 项目前期，被提及最多的一定是兼容度。现有的应用与业务，能否在新的平台架构下成功运行？运行的效率是否能够得到保障？为了这次迁移，是否需要现有应用的配合修改？

为了提供整体数据库层面的兼容度分析，AntDB 实现了自动化迁移评估分析工具 AntDB Migration Compatibility Analyzer（AMCA），这是 AntDB 生态体系中的前驱重要功能。通过自动化的数据采集，并在 AntDB 的真实环境中进行模拟重演，得出准确的兼容度分析报告。其中绝大部分工作都由脚本或程序自动完成，不仅极大地提高了分析工作的效率，还减少了分析过程中出现错误或遗漏的概率。

兼容分析工作流程如图 3-14 所示。

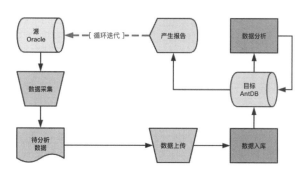

图 3-14　兼容分析工作流

通过 AntDB 提供的专业采集工具，连接到源 Oracle 数据库中，采集一定的数据库对象结构与 SQL 数据，并将其打包成一个完整的数据包。后期将数据包上传到 AntDB 后台，即可自动进行兼容度分析，并产生对应的分析报告。

兼容分析工作流程可迭代反复运行，每次通过产生的分析报告，得到不兼容的列表，通过应用或调整相关数据库后，可重复此流程，得到新一轮更优兼容度的报告，最终达到事实上的完全兼容。

兼容分析的数据采集工作主要涉及以下两个方面：

● 对象信息：包括各类 Oracle 对象的结构与创建信息。

● SQL信息：包括一段时间内能够抓取到的业务 SQL 的集合。

兼容分析报告整体界面如图 3-15 所示。

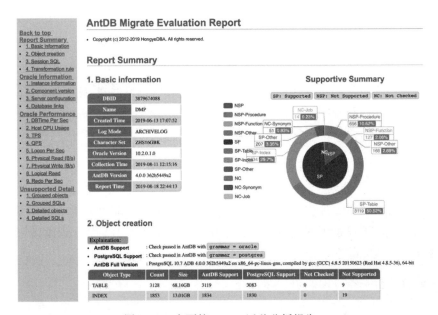

图 3-15　全面的 Oracle 迁移分析报告

报告整体分为三大部分：

● 汇总与基础信息：对整体兼容度做一个汇总，同时给出 Oracle 数据库的相关信息。

● Oracle 性能趋势：描述一段时间内 Oracle 数据库的性能变化趋势。

● 详细的不支持列表：详细列出不支持的对象与 SQL，并给出具体原因。

从汇总信息中，可以直观地看出当前系统整体的迁移兼容度，以及各个对象的兼容情况。同时，在后续表格中，也对这些对象及 SQL 的兼容情况做了详细汇总（图 3-16）。对于 SQL，从应用用户、程序、模块等角度进行了汇总，方便进一步确定各个应用模块的兼容情况。

3. Session SQL

Explanation:
- **AntDB Support** : Check passed in AntDB with `grammar = oracle`
- **PostgreSQL Support** : Check passed in AntDB with `grammar = postgres`
- **AntDB Full Version** : PostgreSQL 10.7 ADB 4.0.0 362b5449a2 on x86_64-pc-linux-gnu, compiled by gcc (GCC) 4.8.5 20150623 (Red Hat 4.8.5-36), 64-bit

User Name	Program	Module	Count	AntDB Support	PostgreSQL Support	Not Supported
DMPCS	plsqldev.exe	plsqldev.exe	2	0	0	2
DSG	vagentd@intel175 (TNS V1-V3)	vagentd@intel175 (TNS V1-V3)	10	0	0	10
DSG	sender@intel175 (TNS V1-V3)	sender@intel175 (TNS V1-V3)	2	0	0	2
QCSDMP02	JDBC Thin Client	JDBC Thin Client	72	49	5	23
QCSDMP02	plsqldev.exe	PL/SQL Developer	12	5	3	7
QCSDMP02	sqlplus@intel175 (TNS V1-V3)	SQL*Plus	3	0	0	3
QCSDMP02	plsqldev.exe	plsqldev.exe	1	0	0	1
*** Summary ***			102	54	8	48

For more information, see: Grouped SQLs

图 3-16　SQL 兼容度汇总列表

从 Oracle 性能趋势中（图 3-17），可以看出当前需要迁移的 Oracle 数据库的一些关键性能指标，便于与 AntDB 系统的指标进行相关对比分析。据此参考，结合目前 AntDB 在一些系统配置下的运行性能，可以得出目标 AntDB 数据库的推荐系统配置。

目前支持 Oracle 性能趋势的指标包括如下几种：

● DB Time：Oracle 性能总体概览，单位时间内数据库消耗的时间。

● Host CPU：主机 CPU 使用率。

● TPS：每秒的事务数。

● QPS：每秒的语句调用数量。

● Logon：每秒的登录用户次数。

● Physical Read：每秒的物理读。

● Physical Write：每秒的物理写。

● Logical Read：每秒的逻辑读。

● Redo：每秒产生的 Redo 大小。

3. TPS

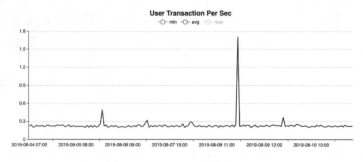

图 3-17　Oracle TPS 趋势

在详细不支持列表（图 3-18 中），则以表格的形式，给出具体不支持的原因。

2. Grouped SQLs

- Group by error, list only one error for each code

Code	Message	Count	User Name	SQL Information	Client Information	SQL Text (limit 1000 chars)
23502	ERROR: null value in column "id" violates not-null constraint	1	QCSDMP02	SQL_ID: 17qjg1ssr6hyg FMS: 17qjg1ssr6hyg	Program: JDBC Thin Client Module: JDBC Thin Client	insert into sys_operate_log (EMP_ID, MENU_ID, OPERATE_TIME, Id)
3F000	ERROR: schema "dbms_metadata" does not exist	2	QCSDMP02	SQL_ID: 55k2ffrn7r6u7 FMS: 16396001275078793353	Program: sqlplus@intel175 (TNS V1-V3) Module: SQL*Plus	select case when object_type in ('FUNCTION','PROCEDURE') then REGEXP_REPLACE(dbms_metadata.get_ddl(object_type,object_name) '(\w+?)','','PROCEDURE \1') else replace(dbms_metadata.get_ddl(object_type,object_name),'') end from user_objects where object_type=upper('PROCEDURE')

图 3-18　不支持 SQL 详情列表

3. 数据迁移

在兼容评估分析的基础上，完成兼容性适配后，可以实现对全量数据的自动化迁移。AntDB 的迁移工具可以自动地完成对用户、权限、角色、分区、触发器、存储过程、Schema 和表数据信息的全量迁移转换，迁移过程中支持过程跟踪和断点续传，支持在线和离线两种模式，在离线模式下数据可自动按文件设置大小切片，对切片的文件可以采用并行导入的方式，提升数据迁移的效率，如图 3-19 所示。

图 3-19　数据迁移示意图

AntDB 的迁移工具可以做到百分百同步，确保数据和 Oracle 中无一点偏差。

4. 结果校验

任何一项逻辑迁移工作，都不可避免地涉及最终结果集的校验。常规校验
方式通过 count 方式汇总表中的记录数量，只能保证数据量级的一致，很难对
真实数据的一致性给出确定性意见。AntDB 体系中，通过 Hash 算法完成数据
强一致性的校验，来规避 count 方式统计数据记录总数带来的不准确性。

AntDB 结果集校验通过数据 Hash 对比的方式完成，整体流程如图 3-20
所示。

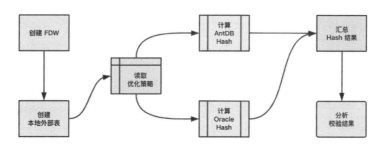

图 3-20　数据校验逻辑示意图

其中，Hash 计算逻辑按照一定的策略进行优化，包括：

- 表优化：排除部分不重要的表（临时表、备份表、中间结果表等）。
- 字段优化：对于有主键的表，可采用主键计算代替全字段计算。
- 人工优化：对于部分大表，可人工指定关键计算字段。
- 其他优化：其他读取和计算的优化策略。

3.6.5　数据并行查询

AntDB 内置分布式并行执行引擎，在多个数据节点之间组网传输数据，利
用多节点并发处理数据，可以使聚集、排序、关联等操作获得倍数级的性能提升，
随着节点数的增加，性能也会线性增长。在图 3-21 中 Reduce 是 Datanode 之间
用于数据传输的机制。

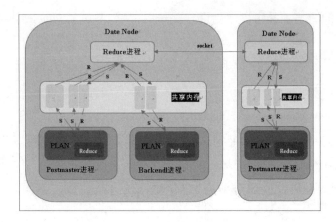

图 3-21　并行查询数据传输机制示意图

实现说明：

- 并行Hash Join：使用多个worker进程，每个worker节点执行相同的任务，在Datanode节点使用一个数据量小的表作为驱动表，用作Hash表，均分后的大表数据和Hash表做数据Join，最终在Coordinator节点汇总数据。

- 并行排序：使用多个worker进程，每个worker节点在Datanode节点将获取的结果集数据进行排序，最终提交数据到Coordinator节点并汇总排序数据。

- 并行创建索引：使用至多max_parallel_maintenance_workers个worker进程，在Datanode节点并行创建btree索引，提升索引创建效率。

- 并行union：使用多个worker进程，每个worker节点执行相同的任务，扫描的数据在每个Datanode节点进行Union操作，最终将所有节点Union后的数据汇总至Coordinator节点，最终执行一次Union操作。

3.6.6　Oracle兼容

AntDB 与 Oracle 数据库高度兼容，使得企业现有的基于 Oracle 数据库开发的应用程序无须做任何修改或只做少量修改便可以运行在 AntDB 平台之上，由此降低了程序迁移的风险，减少了重写应用的成本，实现高效快捷的应用迁移。AntDB 与 Oracle 数据库的兼容性包括：Oracle 语法兼容、函数兼容、系统

表和视图兼容、存储过程和触发器兼容、数据
类型兼容、 OCI 和 JDBC 调用接口兼容、管理
包兼容、 rowid/rownum 和 dual 虚表等。基于高
度的兼容特性，可以让 AntDB 和 Oracle 的异构
数据库容灾实现上线初期两套数据库并行运行
一段时间，如图 3-22 所示。

图 3-22　AntDB 到 Oracle 之间
　　　　 的数据同步

Oracle 兼容的特性详情，将在后续的 3.7 节详细展开。

3.6.7　AntDB在线数据扩容

数据库集群安装完成后，其数据存储容量是预先规划并确定的。随着时间
的推移以及业务量的增加，数据库集群中的可用存储空间不断减少，面临数据
存储容量扩充的需求。

传统的在线扩容的流程大致如下。

（1）在集群中加入新的 Datanode Master 节点。由于在创建 Hash 表和
复制表时，将表分布的节点写入表定义（pgxc_class），因此新增 Datanode
Master 节点后，新建表会使用新增节点，而之前建立的表不会使用新增节点，
从而不会影响表的访问。

（2）对于已经存在的表，调用 alter table 语句，重新分布已有表的数
据，对表加锁（AccessExclusiveLock）进行数据重分布，释放表锁，通过新增
Datanode Master 节点重新分布数据，现有方案就完成了集群数据扩容。

传统方案存在的问题是，在表的扩容期间，AccessExclusiveLock 锁会阻塞
对该表的所有操作，对于大容量表，扩容时间长，会影响集群的可用性。由此，
AntDB 提出了 hot expasion 扩容方案，将扩容对集群可用性的影响限制在秒（10s）
级别。

1. 关键技术

1）HashMap 路由算法

对于分区表，要根据记录的分区字段取值确定该记录所在的数据节点。原
有路由算法为：

$$节点序号 = hash（hashkey） / 节点数量$$

该算法存在两个问题：一是记录所在的位置是由分区字段值确定的，如果数据倾斜，无法将数据量多的节点中的数据迁移到数据量少的节点。二是扩容时，为避免数据全部重新分布，通常采用将 n 节点扩容到 $2n$ 节点的方法。

系统中原有 2 个数据节点 DB1 和 DB2，扩容为 4 个数据节点 DB1、DB1'、DB2、DB2'，如图 3-23 所示。

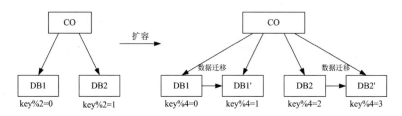

图 3-23　数据表扩容示意图

由于 Hash 算法基于节点数目取模，无法做到 DB1 数据不动，仅增加 DB2' 节点，对 DB2 扩容，如图 3-24 所示。

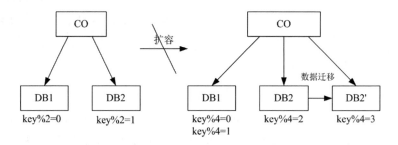

图 3-24　Hash 取模数据表扩容示意图

为克服以上问题，hot expasion 扩容方案采用 HashMap 路由算法。

首先，将整个集群的数据划分为 1024（可设定）的 slot。对分片 key 字段 Hash 后，除 1024 取模，可以得到一个对应的 slotid。示意代码如下：

```
slotid Slot(key)
{
slotid = hash(key)/1024;
return slotid;
}
```

其次，建立 slotid 到物理节点的映射表，表示 slotid 的数据存放在 nodeid 节点，映射表（SlotNodeMap）维护数据的映射和每个 slot 的状态，包含以下字段：

- slotid：slot序号。

- nodeid：节点序号。

- status：slot的状态，包括在线（online）、迁移（move）、清除（clean）。

最后，数据路由时，通过 slotid 从映射表中找到对应的节点。

示意代码如下：

```
nodeid SlotToNode(slotid)
{
+ 搜索映射表，返回节点序号
}
完整 hash+map 路由算法可表示为
nodeid Router(key)
return SlotToNode(Slot(key))
```

2）数据热备份与增量数据同步

扩容节点需要复制被扩容节点的完整数据。数据复制包括基础数据复制和增量数据复制两个部分。采用 checkpoint 和 xlog 同步技术完成复制，不会影响被扩容数据节点对外提供服务。首先，在被扩容节点做 checkpoint；然后，直接热拷贝数据到扩容节点做基线数据备份，之后，启动扩容节点，建立到被扩容节点的流复制，从 checkpoint 的 redo_lsn 位置开始回放 xlog 日志，做增量数据同步。AntDB 的 basebackup 工具已实现以上功能，hot expasion 直接使用 basebackup 工具完成数据复制。

基于 AntDB 的逻辑复制，可以实现一个数据节点中的 slotid 数据热迁移到另外一个数据节点，以平衡数据的分布。

3）重复数据处理

将 1 个数据节点扩容为 2 个数据节点的过程中，1 条记录会存储在 2 个数据节点。重复数据的存在，需要增加记录的可见性处理和冗余数据删除。对于不包含分区键信息的 SQL 语句，数据节点需要根据 HashMap 路由算法计算该记录的 slotid，并判断该 slotid 是否属于本节点，该步骤称为 slot 可见性处理。对每条记录进行 Hash 算法，会占用较多 CPU 资源，应仅在必须时才进行 slot 可见性处理。路由切换完成后，被扩容节点和扩容节点都包含冗余数据。将冗余数据删除后，空间才能够被再次利用，实现数据扩容。冗余数据的删除不应影响正常的数据访问，并能够根据集群负载调整删除进度。

hot expasion 将扩容操作分为数据同步、路由切换、数据清理三个阶段，节点的状态包括 online、move、clean、expended，具体如下：

- online：节点处于非扩容状态。
- move：被扩容节点状态，表示该节点正在向扩容节点同步数据。
- clean：被扩容节点已加入集群，节点包含冗余数据。

一次扩容中被扩容节点状态变化为 online → move → clean → online，扩容节点状态变化为 expended → clean → online。扩容具体流程见"z. 扩容示例"。

hot expasion 仅在数据清理阶段（节点状态为 clean）启用 slot 可见性处理，在非扩容和扩容的同步数据阶段不启用 slot 可见性处理，将该操作对集群性能的影响降至最低。

节点进入 clean 状态后，自动启动清除进程。该进程首先统计当前节点的 Hash 表，并依次对每个 Hash 表进行清除处理，删除非本节点数据。根据系统负载控制删除进度，当所有 Hash 表清除完成后，节点进入 clean 状态。清除处理使用普通的 delete from 语句处理流程，只在数据可见性判断时，返回不属于本节点的记录，从而删除非本节点数据，保留本节点数据。此清除方法，不需要改动 vacuum 和事务处理流程，对系统的影响最小。

2. 扩容示例

扩容前，DB1 处理 SLOTX 和 SLOY，扩容目标是将 DB1 的数据扩容到 DB5。扩容后 DB1 处理 SLOTX，DB2 处理 SLOTY。

扩容流程如图 3-25 所示。

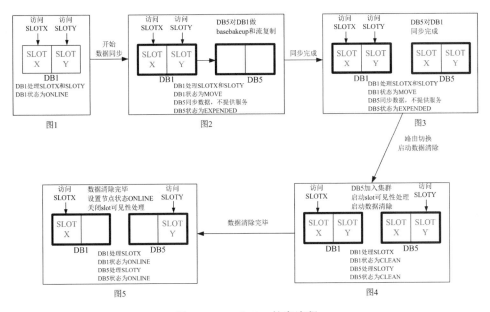

图 3-25　HashMap 扩容流程

图 1：扩容前，DB1 状态为 ONLINE，处理 SLOTX 和 SLOTY。

图 2：数据同步阶段开始。数据访问不变，DB1 处理 SLOTX 和 SLOTY，DB1 状态从 ONLINE 变为 MOVE。DB5 对 DB1 做 basebakeup 和流复制，DB5 状态为 EXPENDED，DB5 不对外提供服务。

图 3：数据同步阶段终止时。DB5 完成对 DB1 的数据同步，其他状态与"图 2"一致。

图 4：路由切换成功后。DB5 加入集群，DB1 处理 SLOTX，DB5 处理 SLOTY，DB1 和 DB5 状态设置为 CLEAN。DB1 和 DB5 启动 slot 可见性处理，启动数据清除。

图 5：数据清除完毕。DB1 和 DB5 中没有冗余数据，DB1 处理 SLOTX，DB5 处理 SLOTY，DB1 和 DB5 状态都为 ONLINE，关闭 slot 可见性处理。

3.6.8　读写分离

面对日益增加的系统访问量，读写分离可以充分利用备机资源，有效地提升数据库的吞吐量。过去常用的手段是通过应用层来控制数据库的读写流量。

AntDB 通过在 Coordinator 组件的 SQL 解析路由层增加对读写流量的精确访问控制且对应用透明，做到强一致性的数据访问体验。

针对写少读多、数据实时性要求不那么高的分析业务场景，可以通过读写分离有效地提升主从机器资源的使用率，如图 3-26 所示。

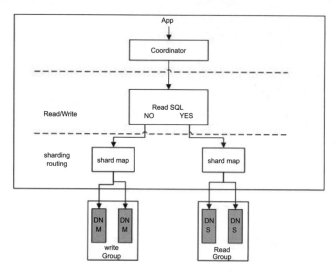

图 3-26　读写分离处理流程图

下面描述如何使用读写分离特性以及使用注意事项。

用户连接 Coordinator，执行 SQL 语句，最终数据的修改和查询都会访问 Datanode。一般情况下，Datanode 有同步或者异步备节点。如果是同步备节点，则数据与主节点实时一致，因此备节点可以提供数据查询的功能。但是当主节点正常工作时，备节点只提供数据备份的功能，造成资源的浪费。

AntDB 从内核层面实现了读写分离，打开读写分离的开关，就可以实现，执行读操作访问备节点，写操作访问主节点，对应用层完全透明，有效提升主从机器资源的使用率，增加数据库的吞吐量。

1）读写分离控制参数

读写分离涉及的开关有两个，在 adbmgr 上通过设置参数开启读写分离功能。

有同步节点的情况下：

```
set coordinator all(enable_readsql_on_slave = on):
```

没有同步节点，只有异步节点，并希望异步节点提供读的功能的情况下：

```
set coordinator all(enable_readsql_on_slave = on);
set coordinator all(enable_readsql_on_slave_async = on);
```

- ■ enable_readsql_on_slave：读写分离总开关。

- ■ enable_readsql_on_slave_async：允许异步节点提供读的功能开关。

2）检测读写分离功能

读写分离启动之前，pgxc_node 表中的信息如下：

```
antdb=# select oid,node_name,node_type from pgxc_node;
  oid  | node_name | node_type
-------+-----------+-----------
 16384 | gcn1      | C
 11955 | cn1       | C
 16385 | cn2       | C
 16386 | cn3       | C
 16387 | cn4       | C
 16388 | dn1_1     | D
 16389 | dn2_1     | D
 16390 | dn3_1     | D
 16391 | dn4_1     | D
(9 rows)
```

没有 slave 节点信息，所以读操作发送到 master 节点上：

```
antdb=# explain (analyze,verbose) select * from t_demo where id =10;
                            QUERY PLAN
----------------------------------------------------------------
-------
 Data Node Scan on "__REMOTE_FQS_QUERY__"  (cost=0.00..0.00 rows=0
width=0) (actual time=10.700..10.705 rows=1 loops=1)
   Output:t_demo.id,t_demo.name
   Node/s:dn2_1
   Remote query:SELECT id,name FROM public.t_demo t_demo WHERE (id = 10)
 Planning Time:0.267 ms
 Execution Time:10.745 ms
(6 rows)
```

其中，dn2_1 为 master 节点。

读写分离启用后，在 coord 的 pgxc_node 表中，会有 slave 节点信息：

```
antdb=# select oid,node_name,node_type from pgxc_node;
  oid  | node_name | node_type
-------+-----------+-----------
 16384 | gcn1      | C
 11955 | cn1       | C
 16385 | cn2       | C
 16386 | cn3       | C
 16387 | cn4       | C
 16388 | dn1_1     | D
 16389 | dn2_1     | D
 16390 | dn3_1     | D
 16391 | dn4_1     | D
 16402 | dn1_2     | E
 16403 | dn2_2     | E
 16404 | dn3_2     | E
 16405 | dn4_2     | E
(13 rows)
```

上述结果中，E 类型的节点即是 slave 节点。

读操作发送到 slave 节点上：

```
antdb=# explain (analyze,verbose)select * from t_demo where id =10;
                            QUERY PLAN
--------------------------------------------------------------------------
-------
 Data Node Scan on "__REMOTE_FQS_QUERY__"  (cost=0.00..0.00 rows=0
width=0)(actual time=17.571..17.576 rows=1 loops=1)
   Output:t_demo.id,t_demo.name
   Node/s:dn2_2
   Remote query:SELECT id,name FROM public.t_demo t_demo WHERE (id =
10)
 Planning Time:0.319 ms
 Execution Time:17.636 ms
(6 rows)
```

其中，dn2_2 为 slave 节点。

3）注意事项

某些场景下，开启读写分离且 master 流复制为同步时，在 master 节点上执行 DML 操作立即查询时，发现查不到对应的数据。原因是 master 节点上的 DML 操作在 slave 节点上没 apply，导致发送到 slave 节点的查询操作读不到最新的数据。如果想避免这种情况，可以设置 Datanode 的 synchronous_commit 参数为 remote_apply，确保 master 的操作在 slave 上，apply 之后才给客户端返回消息。

3.6.9　与异构数据库互联

AntDB 可与异构数据库进行互联，基于外部数据源封装（FDW）和数据库连接（dblink）特性，支持与 Oracle、PostgreSQL、DB2、SQL Server、MySQL、Sybase 等数据源互联和连接查询，以及系统文件的直接访问。

下面以创建访问 PostgreSQL 为例，说明异构数据库互联的操作流程。

1）创建 extention

```
create extension postgres_fdw;
```

创建完成后，可以在系统表中查询到相应的扩展，语法如下：

```
select * from pg_extension ;
select * from pg_foreign_data_wrapper;
```

2）创建外部数据封装服务器

该服务器的作用是在本地配置一个连接远程数据库的信息 options，例如创建一个服务器，名字为 fdw_server1。options 中是远程数据库所在的主机 IP、端口、数据库名称。

```
  create server fdw_server1 foreign data wrapper postgres_fdw
options(host'xx.xx.xxx.xxx',port'xxxx',dbname'xx');
```

通过以下系统表可以查看已经创建的服务器。

```
select * from pg_foreign_server;
```

3）创建用户映射

for 后面的 postgres 是本地登录执行的用户名，options 中存储的是远程的用户和密码。

```
create user MAPPING FOR xx1  server fdw_server1 options
(user'xx2',password'xxx');
```

4）创建外部表

在本地创建一张 foreign 表，表结构和远程数据库中要操作的表相同。options 中是远程数据库中表所在的 schema 和表名。

```
create foreign table test_foreign(id int ,num int)server fdw_
server1 options(schema_name'public',table_name'test');
```

其他关系型数据库的异构互联操作步骤类似，在此不再描述。

3.6.10　异构索引支持

对于分布式数据库的大表查询场景，查询 SQL 中的 where 条件若有分片键，这个查询会精确路由到具体的节点中，以提高查询效率。如果 SQL 中的 where 条件没有分片键，就会进行一次全节点扫描，这会造成资源浪费、增加锁冲突的概率、拖慢性能等。针对这种场景，AntDB 提供了异构索引，采用空间换时间的方式来解决，内核自动维护分片键和索引键之间的映射关系建立异构索引。使用异构索引将避免全节点扫描，可以解决业务使用中存在多个查询维度不带分片键造成的查询性能下降的问题，如图 3-27 所示。

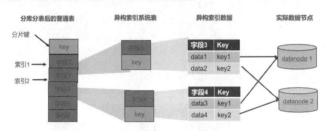

图 3-27　异构索引处理流程图

1）辅助索引

非分片键 KV 查询时，由于 CN 节点无法精准确定涉及节点，故而全节点下发查询，导致无关节点资源浪费，可能引起 CPU 飙升等问题。

通过查询辅助表确定该查询涉及的节点，完成本次查询的精确下发，从而提高查询效率。

2）语法

命令格式：

```
CREATE [UNLOGGED] AUXILIARY TABLE [ IF NOT EXISTS ] [auxiliary_
table_name]
ON table_name ( column_name )
[ with_index_options ]
[ TABLESPACE tablespace_name ]
[ DISTRIBUTE BY XXX ]
[ TO NODE (node_name [,...] ) | TO GROUP pgxcgroup_name ]
with_index_options:
WITH INDEX [ CONCURRENTLY ] [ name ] [ USING method ]
[ WITH ( storage_parameter = value [,... ] ) ]
[ TABLESPACE tablespace_name ]
```

说明：

● AUXILIARY：为辅助表关键字。

● auxiliary_table_name：为辅助表表名，可选，若不指定则按照"主表名+辅助字段名+tbl"命名。

● table_name：为主表表名，必选。

● column_name：为主表字段名（需要建辅助表的字段），必选。

● with_index_options：辅助表索引信息，指定时按照指定语法创建索引。未指定时，则按照默认参数创建索引（辅助表的column_name字段必然创建索引。默认时，索引方法默认btree，命名空间与辅助表保持一致）。

● tablespace_name：辅助表命名空间，可选。未指定时，与主表保持一致。

● DISTRIBUTE BY XXX：辅助表分片方式，可选。未指定时，与主表保持一致。

- TO NODE (node_name [,...])| TO GROUP pgxcgroup_name：辅助表分片节点，可选。未指定时，与主表保持一致。

举例如下：

```
antdb=# create table tt(c1 int,c2 int,c3 text);
CREATE TABLE
postgres=# create auxiliary table aux on tt(c2);
CREATE AUXILIARY TABLE
```

效果如下：

创建辅助表前，需要去两个datanode上遍历数据：

```
antdb=# explain verbose select * from tt where c2 = 700;
                      QUERY PLAN
-----------------------------------------------------------
 Cluster Gather  (cost=1000.00..73772.86 rows=4 width=41)
   Remote node:16385,16386
->  Gather  (cost=1000.00..73771.66 rows=2 width=41)
        Output:c1,c2,c3
        Workers Planned:2
->  Parallel Seq Scan on public.tt  (cost=0.00..72771.46 rows=1
width=41)
              Output:c1,c2,c3
              Filter:(tt.c2 = 700)
              Remote node:16385,16386
(9 rows)
postgres=#  select * from tt where c2 = 700;
 c1  | c2  |                  c3
-----+-----+---------------------------------
 700 | 700 | e5841df2166dd424a57127423d276bbe
(1 row)

Time:541.606 ms
```

创建辅助表之后，只需要去一个datanode上找数据，且根据tid获取数据：

```
antdb=#  explain verbose select * from tt where c2 = 700;
                         QUERY PLAN
------------------------------------------------------------------
 Cluster Gather  (cost=0.00..4.32 rows=1 width=41)
   Remote node:16385
-> Tid Scan on public.tt  (cost=0.00..4.02 rows=1 width=41)
        Output:c1,c2,c3
        TID Cond:(tt.ctid = '(3,39)'::tid)
        Filter:(tt.c2 = 700)
        Remote node:16385
(7 rows)
postgres=# select * from tt where c2 = 700;
 c1  | c2  |                 c3
-----+-----+-------------------------------------
 700 | 700 | e5841df2166dd424a57127423d276bbe
(1 row)
Time:3.449 ms
```

3.6.11　集群自愈

AntDB 是一个分布式的数据库集群，集群内部涉及组件较多，运行节点较多，集群运行过程中因宿主机的硬件、网络、电力等原因存在部分节点发生故障的可能性（当然并不希望这类情况发生），可能会导致集群卡住，服务暂停。因此，需要一种机制来自动快速地检测出故障点，然后进行自动修复，提升集群运维的自动化。

AntDB 的 doctor 模块能够迅速检测出集群的异常，并且快速自动修复，保证业务的连续性。

集群自愈在 AntDB V5 开始引入，默认关闭。当开启后，集群在运行过程中，用户无须关心节点状态，在节点出现异常宕机等情况时，自愈模块会自动尝试进行修复。

1. 启动自愈

集群初始化后，自愈模块默认为关闭状态，在 Adbmgr 中手动启动 doctor：

```
antdb=# start doctor;
 mgr_doctor_start
------------------
 t
(1 row)
```

通过 list doctor 命令可以查看：

```
postgres=# list doctor;
   type    |    subtype     |     key      | value |           comment
-----------+----------------+--------------+-------+--------------------
-----------------------------------------
 PARAMETER | --        | enable    | 1   | 0:false,1:true. If
true,doctor processes will be launched,or else,doctor processes
exit.
 PARAMETER | --        | forceswitch  | 0   | 0:false,1:true. Whether
force to switch the master/slave,note that force switch may cause data loss.
 PARAMETER | --        | switchinterval | 30  | In seconds,The time interval
for doctor retry the switching if an error occurred in the previous
switching.
 PARAMETER | --        | nodedeadline | 30  | In seconds. The maximum
time for doctor tolerate a NODE running abnormally.
 PARAMETER | --        | agentdeadline | 5   | In seconds. The
maximum time for doctor tolerate a AGENT running abnormally.
 NODE      | gtmcoord master | gcn1      | t   | enable doctor
 NODE      | gtmcoord slave | gcn2      | t   | enable doctor
 NODE      | coordinator    | cn1       | t   | enable doctor
 NODE      | coordinator    | cn2       | t   | enable doctor
 NODE      | coordinator    | cn3       | t   | enable doctor
 NODE      | datanode master | dn1_1     | t   | enable doctor
 NODE      | datanode master | dn2_1     | t   | enable doctor
 NODE      | datanode master | dn3_1     | t   | enable doctor
 NODE      | datanode slave | dn1_2     | t   | enable doctor
 NODE      | datanode slave | dn1_3     | t   | enable doctor
 NODE      | datanode slave | dn2_2     | t   | enable doctor
 NODE      | datanode master | dn4_1     | t   | enable doctor
 NODE      | coordinator    | cn4       | t   | enable doctor
 NODE      | datanode slave | dn3_2     | t   | enable doctor
 NODE      | datanode slave | dn4_2     | t   | enable doctor
 HOST      | --        | adb01     | t   | enable doctor
 HOST      | --        | adb02     | t   | enable doctor
(22 rows)
```

从结果可以看出，自愈监控的组件类型包括：

- NODE：集群中的各个节点。

- HOST：集群中主机的agent进程。

在 Adbmgr 中会起多个进程：

```
[antdb@intel175 ~]$ ps xuf|grep doctor
antdb 193328 0.0 0.0 112716 984 pts/46 S+ 16:02 0:00|\_ grep--color=auto doctor
antdb   134782   0.0   0.0 359748   7808 ?       Ss   14:48   0:02
\_ adbmgr:antdb doctor launcher
antdb    137154  0.0  0.0 358944  6836 ?   Ss   14:49   0:00  \_
adbmgr:antdb doctor node monitor gcn1
antdb    137155  0.0  0.0 358948  6828 ?   Ss   14:49   0:00  \_
adbmgr:antdb doctor node monitor gcn2
antdb    137157  0.0  0.0 358948  6852 ?   Ss   14:49   0:00  \_
adbmgr:antdb doctor node monitor cn1
antdb    137159  0.0  0.0 358948  6848 ?   Ss   14:49   0:00  \_
adbmgr:antdb doctor node monitor cn2
antdb    137163  0.0  0.0 358948  6848 ?   Ss   14:49   0:00  \_
adbmgr:antdb doctor node monitor cn3
antdb    137165  0.0  0.0 358948  6848 ?   Ss   14:49   0:00  \_
adbmgr:antdb doctor node monitor dn1_1
antdb    137167  0.0  0.0 358948  6872 ?   Ss   14:49   0:00  \_
adbmgr:antdb doctor node monitor dn2_1
antdb    137169  0.0  0.0 358952  6856 ?   Ss   14:49   0:00  \_
adbmgr:antdb doctor node monitor dn3_1
antdb    137172  0.0  0.0 358952  6860 ?   Ss   14:49   0:00  \_
adbmgr:antdb doctor node monitor dn1_2
antdb    137175  0.0  0.0 358952  6860 ?   Ss   14:49   0:00  \_
adbmgr:antdb doctor node monitor dn1_3
antdb    137177  0.0  0.0 358952  6860 ?   Ss   14:49   0:00  \_
adbmgr:antdb doctor node monitor dn2_2
antdb    137180  0.0  0.0 358952  6848 ?   Ss   14:49   0:00  \_
adbmgr:antdb doctor node monitor dn4_1
antdb    137183  0.0  0.0 358952  6856 ?   Ss   14:49   0:00  \_
adbmgr:antdb doctor node monitor cn4
antdb    137186  0.0  0.0 358956  6852 ?   Ss   14:49   0:00  \_
adbmgr:antdb doctor node monitor dn3_2
antdb    137189  0.0  0.0 358956  6852 ?   Ss   14:49   0:00  \_
adbmgr:antdb doctor node monitor dn4_2
antdb    137191  0.0  0.0 358948  5888 ?   Ss   14:49   0:00  \_
adbmgr:antdb doctor host monitor
```

2. 关闭自愈

在 Adbmgr 中执行"stop doctor"；来关闭自愈：

```
[antdb@intel175 ~]$ ps xuf|grep doctor
antdb 193328 0.0 0.0 112716 984 pts/46 S+ 16:02 0:00|\_grep--color=auto doctor
antdb    134782   0.0  0.0 359748   7808?        Ss    14:48    0:02  \_
adbmgr:antdb doctor launcher
antdb    137154   0.0  0.0 358944   6836?        Ss    14:49    0:00  \_
adbmgr:antdb doctor node monitor gcn1
antdb    137155   0.0  0.0 358948   6828?        Ss    14:49    0:00  \_
adbmgr:antdb doctor node monitor gcn2
antdb    137157   0.0  0.0 358948   6852?        Ss    14:49    0:00  \_
adbmgr:antdb doctor node monitor cn1
antdb    137159   0.0  0.0 358948   6848?        Ss    14:49    0:00  \_
adbmgr:antdb doctor node monitor cn2
antdb    137163   0.0  0.0 358948   6848?        Ss    14:49    0:00  \_ a

antdb=# stop doctor;
NOTICE: Update pgxc_node successfully in 'gcn1'.
NOTICE: Update pgxc_node successfully in 'cn1'.
NOTICE: Update pgxc_node successfully in 'cn2'.
NOTICE: Update pgxc_node successfully in 'cn3'.
NOTICE: Update pgxc_node successfully in 'cn4'.
NOTICE: Updating pgxc_node successfully at all datanode master.
 mgr_doctor_stop
-----------------
 t
(1 row)

antdb=# list doctor;
    type    |    subtype    |    key    | value |               comment
-----------+-----------------+---------+-------+-------------------
-----------------------------------------------
 PARAMETER | --              | enable       | 0     | 0:false,1:true.
If true,doctor processes will be launched,or else,doctor processes
exit.
 PARAMETER | --              | forceswitch  | 1     | 0:false,1:true.
Whether force to switch the master/slave,note that force switch may
cause data loss.
 PARAMETER | --    | switchinterval|10|In seconds,The time interval
for doctor retry the switching if an error occurred in the previous switching.
 PARAMETER | --              | nodedeadline  | 10    | In seconds.
The maximum time for doctor tolerate a NODE running abnormally.
 PARAMETER | --              | agentdeadline | 5     | In seconds.
The maximum time for doctor tolerate a AGENT running abnormally.
```

```
NODE        | gtmcoord master | gcn1       | t       | enable doctor
NODE        | gtmcoord slave  | gcn2       | t       | enable doctor
NODE        | coordinator     | cn1        | t       | enable doctor
NODE        | coordinator     | cn2        | t       | enable doctor
NODE        | coordinator     | cn3        | t       | enable doctor
NODE        | datanode master | dn1_1      | t       | enable doctor
NODE        | datanode master | dn2_1      | t       | enable doctor
NODE        | datanode master | dn3_1      | t       | enable doctor
NODE        | datanode slave  | dn1_2      | t       | enable doctor
NODE        | datanode slave  | dn1_3      | t       | enable doctor
NODE        | datanode slave  | dn2_2      | t       | enable doctor
NODE        | datanode master | dn4_1      | t       | enable doctor
NODE        | coordinator     | cn4        | t       | enable doctor
NODE        | datanode slave  | dn3_2      | t       | enable doctor
NODE        | datanode slave  | dn4_2      | t       | enable doctor
HOST        | --              | adb01      | t       | enable doctor
HOST        | --              | adb02      | t       | enable doctor
(22 rows)

[antdb@intel175 ~]$ ps xuf|grep doctor
antdb 2435 0.0 0.0 112716 984 pts/46 S+ 16:09 0:00|\_grep --color=auto
doctor
```

stop 执行完成后，doctor 的参数 enable 为 0，且没有了 doctor 的进程。

3. 修改参数

通过 set doctor 命令修改 doctor 的全局参数，参数含义如下：

● enable：总的开关，1 为开，0 为关。默认为0。

● forceswitch：是否强制对异常节点进行切换，1为是，0位否，默认为0。

● switchinterval：上次自愈失败后，最长时间后再次自愈，默认为30 s。

● nodedeadline：节点故障后，最长时间后进行自愈，默认为30 s。

● agentdeadline：agent进程故障后，最长时间后进行自愈，默认为5 s。

修改参数的命令如下：

```
set doctor (switchinterval=10);
```

```
set doctor (nodedeadline=10);
set doctor (forceswitch=1);
```

修改完成后，查看是否生效：

```
antdb=# list doctor;
   type    |    subtype    |     key      | value |
comment
-----------+---------------+--------------+-------+------------------
--------------------------------------------------
 PARAMETER | --            | enable       | 1 | 0:false,1:true. If
true,doctor processes will be launched,or else,doctor processes
exit.
 PARAMETER | --   | forceswitch | 1| 0:false,1:true. Whether force to
switch the master/slave,note that force switch may cause data loss.
 PARAMETER | --|switchinterval|10|In seconds,The time interval for
doctor retry the switching if an error occurred in the previous switching.
 PARAMETER | --            | nodedeadline | 10    | In seconds.
The maximum time for doctor tolerate a NODE running abnormally.
 PARAMETER | --            | agentdeadline | 5     | In seconds.
The maximum time for doctor tolerate a AGENT running abnormally.
 NODE      | gtmcoord master | gcn1    | t     | enable doctor
 NODE      | gtmcoord slave  | gcn2    | t     | enable doctor
 NODE      | coordinator     | cn1     | t     | enable doctor
 NODE      | coordinator     | cn2     | t     | enable doctor
 NODE      | coordinator     | cn3     | t     | enable doctor
 NODE      | datanode master | dn1_1   | t     | enable doctor
 NODE      | datanode master | dn2_1   | t     | enable doctor
 NODE      | datanode master | dn3_1   | t     | enable doctor
 NODE      | datanode slave  | dn1_2   | t     | enable doctor
 NODE      | datanode slave  | dn1_3   | t     | enable doctor
 NODE      | datanode slave  | dn2_2   | t     | enable doctor
 NODE      | datanode master | dn4_1   | t     | enable doctor
 NODE      | coordinator     | cn4     | t     | enable doctor
 NODE      | datanode slave  | dn3_2   | t     | enable doctor
 NODE      | datanode slave  | dn4_2   | t     | enable doctor
 HOST      | --              | adb01   | t     | enable doctor
 HOST      | --              | adb02   | t     | enable doctor
(22 rows)
```

3.6.12 异地多中心

出于灾备（Disaster Recovery）的目的，企业一般都会建设两个及以上的数据中心。AntDB 支持集群异地多中心的建设，并提供相应的功能和支持。

异地多中心如图 3-28 所示。

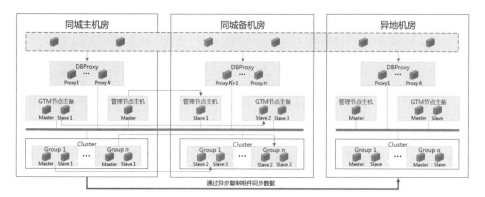

图 3-28 两地三中心部署示意图

（1）数据中心 A 和数据中心 B 之间采用异步复制。

（2）每个数据中心都会部署 ADB-MGR 进行资源管理。

（3）ADB-MGR 根据数据域执行 failover 切换。

（4）数据中心 A 和数据中心 B 之间是整体切换。

（5）B 数据中心可以提供读的能力。

（6）支持 AntDB 和 Oracle 的异构数据库容灾。

3.7 AntDB 的 Oracle 兼容性

3.7.1 Oracle兼容性能力说明

Oracle 兼容性是指对于运行在 Oracle 环境下的应用程序，只需要对其程序代码进行很小的改动（在一些情况下甚至无须改动），就可以使这个应用程序运行在 AntDB 环境中。

AntDB 包括大量功能特性，允许开发人员开发兼容 PostgreSQL 或者 Oracle 的数据库程序。

在 AntDB 中开发与 Oracle 兼容的程序时，需要特别关注在设计程序时需要用到的功能特性。例如，开发一个与 Oracle 兼容的应用程序意味着要做出如下选择：

（1）使用与 Oracle 相兼容的数据类型定义应用程序用到的数据库表。

（2）应用程序要使用与 Oracle 兼容的 SQL 语句。

（3）在 SQL 语句和程序逻辑中使用与 Oracle 兼容的系统和内置函数。

（4）使用与 Oracle 兼容的存储过程语言创建服务器端的程序逻辑，如存储过程、函数。

（5）使用与 Oracle 数据字典相兼容系统目录视图。

3.7.2　使用兼容模式访问AntDB数据库

AntDB 默认数据库语法为 postgres，AntDB 支持服务器级别、会话级别、语句级别的 Oracle 兼容性设置。

1. 服务器级别

登录 Adbmgr，设置所有 coordinator 节点的 grammar 参数；连接 coordinator 节点，登录数据库，查看语法参数，并执行设置 Oracle 语法模式语句：

```
antdb=# set coordinator all (grammar=oracle);
SET PARAM
antdb=# show param cd1 grammar;
type | status | message
------------------------+------
--+----------------------------------
coordinator master cd1 | t | debug_print_grammar = off +
| | grammar = oracle
(1 row)
```

连接 coordinator 节点，登录数据库，查看 SQL 语法模式：

```
antdb=# show grammar ;
 grammar
----------------
 oracle
(1 row)
antdb=# select * from dual;
 DUMMY
--------------
 X
(1 row)
```

2. 会话级别

如果没有进行服务器级别设置，默认登录数据库后的语法为 postgres：

```
antdb=# show grammar ;
grammar
----------------
postgres
(1 row)
```

此时若执行 Oracle 语法的语句则会报错：

```
antdb=# select * from dual;
antdb=# ERROR:relation "dual" does not exist
LINE 1:select * from dual;
```

session 级别切换到 Oracle 语法，再次执行 Oracle 语法的语句：

```
antdb=# set grammar to oracle;
SET
antdb=# show grammar ;
grammar
---------
oracle
(1 row)
antdb=# select * from dual;
DUMMY
-------
X
(1 row)
```

执行成功。

3. 语句级别

如果仅仅是某条语句想使用 Oracle 语法，则可以用 hint 的方式指定语法，在执行 SQL 语句的开头加上如下语句：

"/ora/" 标记：
grammar 参数

grammar 参数决定了使用数据库时的兼容类型。参数类型属于数据库服务端会话级可变参数，可以设置的值包括：

- postgres：采用和PostgreSQL兼容的类型，是该参数的默认值。
- oracle：采用和Oracle兼容的类型。

3.7.3 使用Oracle兼容特性开发应用系统

以 Java 为例演示，如果连接到 Oracle 特性的 AntDB 数据需要在 jdbc 串中使用 Oracle 语法，则需要使用 AntDB 提供的 jdbc 驱动。

驱动类为：

```
driver=org.postgresql.Driver
```

连接串格式如下：

```
conn=jdbc:postgresql://10.21.20.56:11010/postgres?binaryTransfer=False&forceBinary=False&reWriteBatchedInserts=true
```

如果使用 Oracle 语法，则连接串增加语法参数：

```
conn=jdbc:postgresql://10.21.20.56:11010/postgres?binaryTransfer=False&forceBinary=False&reWriteBatchedInserts=true&grammar=oracle
```

如果是 xml 配置文件，则需要将 & 替换为 &，如下：

```
conn=jdbc:postgresql://10.21.20.56:11010/postgres?binaryTransfer=False&amp;forceBinary=False&amp;reWriteBatchedInserts=true&amp;grammar=oracle
```

可以配置多个地址防止节点发生切换后数据库不可访问，在 jdbc 串中配置如下：

```
jdbc:postgresql://10.21.20.56:6432,10.21.20.57:6432,10.21.20.58:6432/
postgres?targetServerType=master&binaryTransfer=False&forceBinary=False&g
rammar=oracle
```

也可以配置多个地址进行负载均衡，在 jdbc 串中配置如下：

```
jdbc:postgresql://10.21.20.56:6432,10.21.20.57:6432,10.21.20.58:6432/
postgres?targetServerType=master&loadBalanceHosts=true&binaryTransfer=Fal
se&forceBinary=False&grammar=oracle
```

其中：

- 10.21.20.56为AntDB中coordinator的地址。

- 11010为AntDB中coordinator的端口。

- postgres指定了需要连接的数据库名称。

- targetServerType指定了只连接 master 节点，即可读可写的节点。按照给定的顺序进行连接，若第一个连接不上或者连接的不是 master 节点的时候，则去连接第二个，以此类推。

- loadBalanceHosts从给定的连接信息中随机选择节点进行连接，达到负载均衡的目的。

3.7.4　AntDB与Oracle语法对比

AntDB 与 Oracle 语法对比见表 3-4 ～表 3-11。

表 3-4　数据类型对比

Oracle	AntDB	PostgreSQL
varchar2	varchar2	varchar
char（n）	char（n）	char（n）
date（日期）	date（日期）	timestamp（时间日期型）、date（日期）、time（时间）
number（n）	number（n）	smallint、int、bigint
number（p，n）	number（p，n）	numeric（p，n）（低效）、float（高效）
clob	clob	text
blob	blob	bytea

续表

Oracle	AntDB	PostgreSQL
rownum	rownum	无
rowid	rowid	ctid

表 3-5　系统函数对比

函数类型	函数名称	Oracle	AntDB	PostgreSQL
数值函数	ABS	支持	支持	支持
	ACOS	支持	支持	支持
	ASIN	支持	支持	支持
	ATAN	支持	支持	支持
	ATAN2	支持	支持	支持
	BITAND	支持	支持	支持
	CEIL	支持	支持	支持
	COS	支持	支持	支持
	COSH	支持	支持	支持
	EXP	支持	支持	支持
	FLOOR	支持	支持	支持
	LN	支持	支持	支持
	LOG	支持	支持	支持
	MOD	支持	支持	支持
	NANVL	支持	支持	扩展支持
	POWER	支持	支持	支持
	ROUND（number）	支持	支持	支持
	SIGN	支持	支持	支持
	SIN	支持	支持	支持
	SINH	支持	支持	扩展支持
	SQRT	支持	支持	支持
	TAN	支持	支持	支持
	TANH	支持	支持	扩展支持
	TRUNC（number）	支持	支持	支持
字符函数	CHR	支持	支持	支持

续表

函数类型	函数名称	Oracle	AntDB	PostgreSQL
字符函数	CONCAT	支持	支持	支持
	INITCAP	支持	支持	支持
	LOWER	支持	支持	支持
	LPAD	支持	支持	支持
	LTRIM	支持	支持	支持
	REGEXP_REPLACE	支持	支持	支持
	REGEXP_SUBSTR	支持	支持	不支持
	REPLACE	支持	支持	支持
	RPAD	支持	支持	支持
	RTRIM	支持	支持	支持
	SUBSTR	支持	支持	支持
	TRANSLATE	支持	支持	支持
	TREAT	支持	不支持	不支持
	TRIM	支持	支持	支持
	UPPER	支持	支持	支持
	ASCII	支持	支持	支持
	INSTR	支持	支持	扩展支持
	LENGTH	支持	支持	支持
	REGEXP_INSTR	支持	支持	不支持
	REVERSE	支持	支持	支持
日期函数	ADD_MONTHS	支持	支持	扩展支持
	CURRENT_DATE	支持	支持	支持
	CURRENT_TIMESTAMP	支持	支持	支持
	EXTRACT （datetime）	支持	支持	支持
	LAST_DAY	支持	支持	扩展支持
	LOCALTIMESTAMP	支持	不支持关键字	不支持关键字
	MONTHS_BETWEEN	支持	支持	扩展支持
	NEW_TIME	支持	支持	不支持
	NEXT_DAY	支持	支持	扩展支持

函数类型	函数名称	Oracle	AntDB	PostgreSQL
日期函数	ROUND （date）	支持	支持	不支持
	SYSDATE	支持	支持	不支持
	SYSTIMESTAMP	支持	支持	不支持
	TO_CHAR （datetime）	支持	支持	支持
	TO_TIMESTAMP	支持	支持	支持
	TRUNC （date）	支持	支持	支持
编码解码函数	DECODE	支持	支持	扩展支持
	DUMP	支持	支持	扩展支持
空值比较函数	COALESCE	支持	支持	支持
	LNNVL	支持	支持	扩展支持
	NANVL	支持	支持	扩展支持
	NULLIF	支持	支持	支持
	NVL	支持	支持	扩展支持
	NVL2	支持	支持	扩展支持
通用数值比较函数	GREATEST	支持	支持	支持
	LEAST	支持	支持	支持
类型转换函数	CAST	支持	支持	支持
	CONVERT	支持	支持	扩展支持
	TO_CHAR（character）	支持	支持	支持
	TO_CHAR （datetime）	支持	支持	支持
	TO_CHAR （number）	支持	支持	支持
	TO_DATE	支持	支持	支持
	TO_NUMBER	支持	支持	支持
	TO_TIMESTAMP	支持	支持	支持
分析函数	AVG *	支持	支持	支持
	COUNT *	支持	支持	支持
	DENSE_RANK	支持	支持	支持
	FIRST	支持	不支持	不支持
	FIRST_VALUE *	支持	支持	支持
	LAG	支持	支持	支持

续表

函数类型	函数名称	Oracle	AntDB	PostgreSQL
分析函数	LAST	支持	不支持	不支持
	LAST_VALUE *	支持	支持	支持
	LEAD	支持	支持	支持
	MAX *	支持	支持	支持
	MIN *	支持	支持	支持
	RANK	支持	支持	支持
	ROW_NUMBER	支持	支持	支持
	SUM *	支持	支持	支持

表 3-6　SQL 运算符对比

SQL 运算符类型	运算符名称	Oracle	AntDB	PostgreSQL
算数运算符	+	支持	支持	支持
	-	支持	支持	支持
	*	支持	支持	支持
	/	支持	支持	支持
逻辑运算符	and	支持	支持	支持
	or	支持	支持	支持
	not	支持	支持	支持
比较运算符	!=	支持	支持	支持
	<>	支持	支持	支持
	^=	支持	不支持	不支持
	=	支持	支持	支持
	<	支持	支持	支持
	>	支持	支持	支持
	<=	支持	支持	支持
	>=	支持	支持	支持
	is（not）null	支持	支持	支持
	（not）between and	支持	支持	支持
	（not）in	支持	支持	支持
	all/any	支持	支持	支持
	exists	支持	支持	支持
	like	支持	支持	支持

续表

SQL 运算符类型	运算符名称	Oracle	AntDB	PostgreSQL
连接运算符	ll	支持	支持	支持
合并运算符	union（all）	支持	支持	支持
	minus	支持	支持	支持
	intersect	支持	不支持	支持

表 3-7　查询对比

SQL 查询类型	名称	Oracle	AntDB	PostgreSQL
去重	distinct	支持	支持	支持
	unique	支持	不支持	不支持
分组	group by	支持	支持	支持
过滤	having	支持	支持	支持
排序	order by	支持	支持	支持
递归	connect by	支持	支持	不支持
cte	cte	支持	支持	支持
case when	case when	支持	支持	支持
批量 insert	insert all into	支持	不支持（insert into values 替代）	不支持（insert into values 替代）
merge into	merge into	支持	不支持（upsert 替代）	不支持（upsert 替代）

表 3-8　表连接对比

表连接类型	表连接名称	Oracle	AntDB	PostgreSQL
内连接	（inner）join	支持	支持	支持
	from　tableA，tableB	支持	支持	支持
左连接	left（outer）join	支持	支持	支持
右连接	right（outer）join	支持	支持	支持
全连接	full（outer）join	支持	支持	支持
（+）	（+）	支持	支持	不支持

表 3-9　视图 / 函数 / 存储过程 / 触发器对比

类型	名称	Oracle	AntDB	PostgreSQL
视图	create view	支持	支持	支持
	alter view	支持	支持	支持
	drop view	支持	支持	支持

续表

类型	名称	Oracle	AntDB	PostgreSQL
函数	create fuction	支持	支持	支持
	alter fuction	支持	支持	支持
	drop fuction	支持	支持	支持
存储过程	create procedure	支持	支持	支持
	alter procedure	支持	支持	支持
	drop procedure	支持	支持	支持
触发器	create trigger	支持	支持	支持
	alter trigger	支持	支持	支持
	drop trigger	支持	支持	支持

表 3-10　序列对比

类型	名称	Oracle	AntDB	PostgreSQL
新建序列	create sequence	支持	支持	支持
修改序列	alter sequence	支持	支持	支持
删除序列	drop sequence	支持	支持	支持
操作序列	seq.nextVal	支持	支持	不支持 nextVal（'seq'）
	seq.currVal	支持	支持	不支持 currVal（'seq'）

表 3-11　其他对比

类型	名称	Oracle	AntDB	PostgreSQL
过程语言	declare	支持	支持	支持
	exception	支持	支持	支持
	cursor	支持	支持	支持
自定义 type	create type	支持	支持	支持
	alter type	支持	支持	支持
	drop type	支持	支持	支持
数据类型隐式转换	隐式转换	支持	支持	不支持
Oracle 别名	Oracle 别名	支持	支持	不支持
Oracle 同义词	Oracle 同义词	支持	支持	不支持
类型复制	%type	支持	支持	支持

类型	名称	Oracle	AntDB	PostgreSQL
类型复制	%rowtype	支持	支持	支持
like 通配符	%	支持	支持	支持
Like 通配符	—	支持	支持	支持
dual 虚拟表	dual	支持	支持	不支持

1. 存储过程

AntDB 兼容 Oracle 的存储过程，当前版本在执行 Oracle 侧的存储过程创建语句需要在 PostgreSQL 中，并打开 PLSQL_MODE 参数，如下所示：

创建测试表：

create table test (id int,bt date);

```
set grammar to oracle;
\set PLSQL_MODE  on
CREATE OR REPLACE PROCEDURE test_proc()
AS
N_NUM integer :=1;
BEGIN
    FOR I IN 1..10 LOOP
        INSERT INTO test VALUES(I,SYSDATE);
    END LOOP;
END;
/
\set PLSQL_MODE  off
```

1）游标变量作为存储过程的返回值

（1）创建测试表：

```
create table test_table_cursor1(id int,create_time timestamp);
```

（2）创建存储过程：

```
set grammar to oracle;
\set PLSQL_MODE on
CREATE OR REPLACE PROCEDURE test_proc_cursor1 (V_COUNT   INT,
                -- RESULT_OUT   OUT PKG_RETURN_LIST.LIST_CURSOR
                RESULT_OUT   OUT refcursor)is
```

```
  v_errcode      integer;
  v_errmsg       varchar2(1024);
begin
  INSERT INTO test_table_cursor1(id,create_time)
    select id,sysdate from generate_series(1,V_COUNT)id;
  OPEN RESULT_OUT FOR
      select * from test_table_cursor1 t order by t.id;
end test_proc_cursor1;
/
\set PLSQL_MODE off
```

（3）使用：

```
antdb=# begin;
BEGIN
antdb=# select * from test_table_cursor1;
 ID | CREATE_TIME
----+-------------
(0 rows)

antdb=# select test_proc_cursor1(5);    -- 要在事务内获取游标的内容，在
Java 中使用也是同理
 TEST_PROC_CURSOR1
-------------------
<unnamed portal 7>
(1 row)

antdb=# select * from test_table_cursor1;
 ID |        CREATE_TIME
----+---------------------------
  1 | 2020-04-15 11:29:24.577337
  2 | 2020-04-15 11:29:24.577337
  3 | 2020-04-15 11:29:24.577337
  4 | 2020-04-15 11:29:24.577337
  5 | 2020-04-15 11:29:24.577337
(5 rows)

antdb=# FETCH all in "<unnamed portal 7>";
 ID |        CREATE_TIME
```

```
----+---------------------------
  1 | 2020-04-15 11:29:24.577337
  2 | 2020-04-15 11:29:24.577337
  3 | 2020-04-15 11:29:24.577337
  4 | 2020-04-15 11:29:24.577337
  5 | 2020-04-15 11:29:24.577337
(5 rows)

antdb=# select * from test_table_cursor1;
 ID |          CREATE_TIME
----+---------------------------
  1 | 2020-04-15 11:29:24.577337
  2 | 2020-04-15 11:29:24.577337
  3 | 2020-04-15 11:29:24.577337
  4 | 2020-04-15 11:29:24.577337
  5 | 2020-04-15 11:29:24.577337
(5 rows)

antdb=# end;
COMMIT
antdb=# select * from test_table_cursor1;
 ID |          CREATE_TIME
----+---------------------------
  1 | 2020-04-15 11:29:24.577337
  2 | 2020-04-15 11:29:24.577337
  3 | 2020-04-15 11:29:24.577337
  4 | 2020-04-15 11:29:24.577337
  5 | 2020-04-15 11:29:24.577337
(5 rows)

antdb=# FETCH all in "<unnamed portal 7>";
ERROR: 34000:cursor "<unnamed portal 7>" does not exist
```

2）存储过程内部使用游标

（1）创建测试表和测试数据：

```
create table test_table_cursor2(id int,create_time timestamp);
insert into test_table_cursor2 select id,sysdate from generate_series(1,10)id;
```

（2）创建存储过程：

```
set grammar to oracle;
\set PLSQL_MODE on
CREATE OR REPLACE PROCEDURE test_proc_cursor2()
AS
CURSOR cursor_bp_item IS
    SELECT DISTINCT id,create_time from test_table_cursor2 order by id;
BEGIN
    FOR bp_item IN cursor_bp_item LOOP
        dbms_output.put_line('项目编号:bu_code:' || bp_item.id ||
                            ',创建时间:' || bp_item.create_time);
    END LOOP;
END test_proc_cursor2;

/
\set PLSQL_MODE off
```

（3）使用：

```
antdb=# begin;
BEGIN
antdb=# SELECT DISTINCT id,create_time from test_table_cursor2
order by id;
 ID |        CREATE_TIME
----+---------------------------
  1 | 2020-04-15 11:43:18.818757
  2 | 2020-04-15 11:43:18.818757
  3 | 2020-04-15 11:43:18.818757
  4 | 2020-04-15 11:43:18.818757
  5 | 2020-04-15 11:43:18.818757
  6 | 2020-04-15 11:43:18.818757
  7 | 2020-04-15 11:43:18.818757
  8 | 2020-04-15 11:43:18.818757
  9 | 2020-04-15 11:43:18.818757
 10 | 2020-04-15 11:43:18.818757
(10 rows)
antdb=# select test_proc_cursor2();
NOTICE: 项目编号:bu_code:8,创建时间:2020-04-15 11:43:18.818757
NOTICE: 项目编号:bu_code:2,创建时间:2020-04-15 11:43:18.818757
NOTICE: 项目编号:bu_code:6,创建时间:2020-04-15 11:43:18.818757
```

```
NOTICE:  项目编号 :bu_code:9, 创建时间 :2020-04-15 11:43:18.818757
NOTICE:  项目编号 :bu_code:5, 创建时间 :2020-04-15 11:43:18.818757
NOTICE:  项目编号 :bu_code:7, 创建时间 :2020-04-15 11:43:18.818757
NOTICE:  项目编号 :bu_code:4, 创建时间 :2020-04-15 11:43:18.818757
NOTICE:  项目编号 :bu_code:10, 创建时间 :2020-04-15 11:43:18.818757
NOTICE:  项目编号 :bu_code:1, 创建时间 :2020-04-15 11:43:18.818757
NOTICE:  项目编号 :bu_code:3, 创建时间 :2020-04-15 11:43:18.818757
 TEST_PROC_CURSOR2
-------------------

(1 row)

antdb=# end;
COMMIT
antdb=# select test_proc_cursor2();
NOTICE:  项目编号 :bu_code:8, 创建时间 :2020-04-15 11:43:18.818757
NOTICE:  项目编号 :bu_code:2, 创建时间 :2020-04-15 11:43:18.818757
NOTICE:  项目编号 :bu_code:6, 创建时间 :2020-04-15 11:43:18.818757
NOTICE:  项目编号 :bu_code:9, 创建时间 :2020-04-15 11:43:18.818757
NOTICE:  项目编号 :bu_code:5, 创建时间 :2020-04-15 11:43:18.818757
NOTICE:  项目编号 :bu_code:7, 创建时间 :2020-04-15 11:43:18.818757
NOTICE:  项目编号 :bu_code:4, 创建时间 :2020-04-15 11:43:18.818757
NOTICE:  项目编号 :bu_code:10, 创建时间 :2020-04-15 11:43:18.818757
NOTICE:  项目编号 :bu_code:1, 创建时间 :2020-04-15 11:43:18.818757
NOTICE:  项目编号 :bu_code:3, 创建时间 :2020-04-15 11:43:18.818757
 TEST_PROC_CURSOR2
-------------------

(1 row)

antdb=# SELECT DISTINCT id,create_time from test_table_cursor2 order by
id;
 ID |        CREATE_TIME
----+---------------------------
  1 | 2020-04-15 11:43:18.818757
  2 | 2020-04-15 11:43:18.818757
  3 | 2020-04-15 11:43:18.818757
  4 | 2020-04-15 11:43:18.818757
  5 | 2020-04-15 11:43:18.818757
  6 | 2020-04-15 11:43:18.818757
  7 | 2020-04-15 11:43:18.818757
  8 | 2020-04-15 11:43:18.818757
  9 | 2020-04-15 11:43:18.818757
 10 | 2020-04-15 11:43:18.818757
(10 rows)
```

在 Java 中调用返回值包含游标类型的存储过程，游标返回值的类型如下：

```
Stringcallstat="{ call CIT_SYS_AIEMP_SYNC()}";
CallableStatementcs=conn.prepareCall("{"+callstat+"}");
cs.registerOutParameter(4,Types.OTHER);
```

3）动态 SQL 的使用

（1）创建测试表和数据：

```
create table test_table3(id int,score int);
insert into test_table3 values(1,100),(2,98),(2,98),(3,98),(4,98),(5,99);
create table test_table3_2(id int,cnt int,current_score int);
```

（2）创建存储过程：

```
set grammar to oracle;
\set PLSQL_MODE on
CREATE OR REPLACE PROCEDURE test_proc3()
AS
V_FINAL_ID int;
V_FINAL_COUNT int;
V_INPUT int;
V_BASIC_SQL varchar(1000);
BEGIN
  V_BASIC_SQL :='select id,count(*)from test_table3 where score = $1
group by id';
    FOR V_INPUT IN (SELECT score FROM test_table3 group by 1)LOOP
    EXECUTE IMMEDIATE V_BASIC_SQL into V_FINAL_ID,V_FINAL_ID
using V_INPUT;
    INSERT INTO test_table3_2
          VALUES (V_FINAL_ID,V_FINAL_ID,V_INPUT);
    END LOOP;
END test_proc3;

/
\set PLSQL_MODE off
```

（3）使用：

```
antdb=# select * from test_table3_2;
 ID | CNT | CURRENT_SCORE
----+-----+---------------
(0 rows)

antdb=# select test_proc3();
 TEST_PROC3
-------------------

(1 row)

antdb=# select * from test_table3_2;
 ID | CNT | CURRENT_SCORE
----+-----+---------------
  2 |   2 |            98
  1 |   1 |            99
  1 |   1 |           100
(3 rows)
```

2. Oracle 存储过程兼容总结

1）tips

● 函数中使用Oracle语法的，建议使用Oracle语法兼容模式创建。

● 修改的过程中保留原始SQL的注释。

2）type 定义

原始 SQL：

```
type t_record is record(
  id number,
  value number
);
  TYPE t_table IS TABLE OF t_record INDEX BY BINARY_INTEGER;
  TYPE num_table IS TABLE OF number INDEX BY BINARY_INTEGER;
  task_status_table t_table;
  task_status_map num_table;
  bugstatustrend_records bug_status_trend_table  := bug_status_
trend_table();
```

替换 SQL：

```
create type t_record as (
  id numeric,
  value numeric
);
TYPE t_table IS TABLE OF t_record ;
  TYPE num_table IS TABLE OF number ;
  task_status_table t_table;
  task_status_map num_table;
bugstatustrend_records bug_status_trend_table  ;
```

有些 type 在不同的 Oracle 存储过程中是重名的，修改时要注意 type 命名保证唯一。

3）数组使用

原始 SQL：

```
task_status_map(task_status_table(i).id):= task_status_table(i).value;
```

替换 SQL：

```
task_status_map(task_status_table[i].id):= task_status_table[i].value;
```

4）游标返回

```
RESULT_OUT OUT PKG_RETURN_LIST.LIST_CURSOR
```

原始 SQL：

```
RESULT_OUT  OUT PKG_RETURN_LIST.LIST_CURSOR
```

替换 SQL：

```
RESULT_OUT  OUT refcursor
```

5）绑定变量

函数或者存储过程中，"execute immediate SQL using param1, param2 " 中使用了绑定变量。

原始 SQL：

```
and tn.fnode_id = :node_id
```

替换 SQL：

```
and tn.fnode_id = $1
```

$ 后面的数字，根据在 SQL 中的顺序，进行指定。

从事务中获取游标返回值结果：

```
begin;
select AP_LAST_FREEZING_REVIEW('2018','12','118P9006');
FETCH all in "<unnamed portal 1>";
rollback;
```

6）删除临时表

如果在存储过程的开始部分看到有如下语句：

```
DELETE FROM analysis_temp3;
```

在 Oracle 环境中检查 ANALYSIS_TEMP3 是否为全局的临时表：

```
create global temporary table ANALYSIS_TEMP3;
```

如果是，则在执行 delete 之前创建 PG 下的临时表：

```
execute immediate '/*pg*/create temporary table IF NOT EXISTS
analysis_temp2 (like analysis_temp2 INCLUDING all)';
```

适用于对表分区键不敏感的操作，如果从性能考虑且对分区键值敏感，建议先创建好临时表，然后再执行相关操作（先 delete 表再 insert 插入数据），并检查 ANALYSIS_TEMP3 在 AntDB 中是否已经创建：

```
\d ANALYSIS_TEMP3
```

7）merge into 用法

"merge into when matched then...when not matched then ... " 函数或者存储过程中使用 merge into 语法，分为两种：一种只使用 when matched；另一种既用到 when matched，又用到 when not matched。

● 针对只使用 when matched，可以使用 update ... from ... where ... 方式替换：

```
mergeintosys_bp_pro_updatea
usingtaskplant
on(a.pro_code=t.projectcode)
whenmatchedthen
updateseta.pro_id=t.id;
-- 转换成 postgresql 语法
updatesys_bp_pro_update
setpro_id=t.id
FROM
taskplant
WHEREpro_code=t.projectcode;
```

● 既用到 when matched，又用到 when not matched，可以使用"with ... as (update ... from ... where ... returning tablename.*)insert into ... from ... where not exists ()"语法替换：

```
mergeintotest01a
usingbon(a.id=b.id)
whenmatchedthenupdateseta.note=b.note
whennotmatchedtheninsert(a.id,a.note)values(b.id,b.note);
-- 转换成 postgresql 语法
WITHupsertas
(updatetest01setnote=b.notefrombwhereid=b.id
RETURNINGtest01.*
)
insertintotest01select*frombwherenotexists(select1fromupsertmwher
em.id=b.id);
```

8）select into 数组中的一列

SQL 如下：

```
"select count(tn.id)into bugstatustrend_records[lv_count_t].fixing_count"
```

需要有个中间变量来进行转移。

修改为：

```
v_tmp_cnt integer;
select  count (tn.id) into v_tmp_cnt;
select v_tmp_cnt into  bugstatustrend_records[lv_count_t].fixing_count;
```

3. Oracle 系统视图

Oracle 系统视图以一种与 Oracle 数据库中数据视图相兼容的方式来提供和 Oracle 兼容的数据库对象信息。

1）ALL_CATALOG

视图 ALL_CATALOG 显示当前数据库中所有的表、视图、序列信息，具体如表 3-12 所示。

表 3-12　视图 ALL_CATALOG

名称	类型	描述
owner	text	对象所属 schema 的名称
table_name	text	表名、视图名、序列名
table_type	text	类型，包括表、视图

2）ALL_COL_PRIVS

视图 ALL_COL_PRIVS 显示当前用户可见的所有的列上的授权，具体如表 3-13 所示。

表 3-13　视图 ALL_COL_PRIVS

名称	类型	描述
grantee	text	被授予访问权限的用户或角色的名称
owner	text	对象的 schema
table_name	text	对象的名称
column_name	text	列名
grantor	text	执行授予操作的用户
privilege	varchar	列的权限
grantable	boolean	指示是否使用授予选项（yes）授予特权（no）

3）ALL_CONS_COLUMNS

视图 ALL_CONS_COLUMNS 提供了在当前用户可访问的表上的约束中所有列的信息，具体如表 3-14 所示。

表 3-14 视图 ALL_CONS_COLUMNS

名称	类型	描述
owner	text	约束所属 schema
constraint_name	text	约束的名称
table_name	text	约束所属表的名称
column_name	text	在约束中所引用列的名称
position	smalint	在对象定义中列的位置

4）ALL_CONSTRAINTS

视图 ALL_CONSTRAINTS 提供了在当前用户可访问的表上约束的信息，具体如表 3-15 所示。

表 3-15 视图 ALL_CONSTRAINTS

名称	类型	描述
owner	text	约束的所有者的用户名
constraint_name	text	约束的名称
constraint_type	text	约束类型。可允许使用的值包括 C —检查约束、F —外键约束、P —主键约束、U —唯一键约束、R —参考完整性约束、V —在视图上的约束、O —在视图上只能执行只读操作约束
table_name	text	约束所属表的名称
r_owner	text	一个参照完整性约束所引用表的所有者
r_table_name	text	所引用的表的名称，在 Oracle 中，此处是 r_constraint_name，与 Oracle 不同
delete_rule	text	参照完整性约束的删除规则。可允许使用的值包括：C —级联操作、R —限制操作、N —不进行任何操作
deferrable	text	定义约束是否为可延迟操作（Y 或 N）
deferred	text	指定约束是否已经被设置为延迟操作（Y 或 N）
status	text	约束的状态，ENABLED 或者 DISABLED
index_owner	text	索引所有者的用户名
index_name	text	索引名称
invalid	text	约束是否有效
validated	text	约束是否被验证过，VALIDATED 或者 NOT VALIDATED

5）ALL_DEPENDENCIES

视图 ALL_DEPENDENCIES 提供了当前用户可访问的数据库对象之间的相互依赖关系，具体如表 3-16 所示。

表 3-16　视图 ALL_DEPENDENCIES

名称	类型	描述
owner	text	对象的所有者
name	text	对象的名称
type	text	对象的类型
referenced_owner	text	被引用对象的所有者
referenced_name	text	被引用对象的名称
referenced_type	text	被引用对象的类型
dependency_type	text	依赖的类型

6）ALL_IND_COLUMNS

视图 ALL_IND_COLUMNS 提供在当前用户可访问数据表上定义的索引中所包含列的信息，具体如表 3-17 所示。

表 3-17　视图 ALL_IND_COLUMNS

名称	类型	描述
index_owner	text	索引所有者的用户名
index_name	text	索引的名称
table_owner	text	表所有者的用户名
table_name	text	索引所属表的名称
column_name	text	列的名称
column_position	smalint	在索引中列的位置
column_length	smalint	列的长度（以字节为单位）
descend	text	列是按降序（DESC）排序还是按升序（ASC）排序

7）ALL_IND_PARTITIONS

视图 ALL_IND_PARTITIONS 展示对于当前用户可访问的每个索引分区，描述分区级分区信息、分区的存储参数以及 ANALYZE 语句收集的各种分区统计信息，具体如表 3-18 所示。

表 3-18　视图 ALL_IND_PARTITIONS

名称	类型	描述
index_owner	text	索引所有者的用户名
index_name	text	索引的名称
partition_name	text	分区的名称
table_owner	text	分区表所有者的名称
table_name	text	分区表的名称
high_value	text	分区边界值表达式
high_value_length	integer	分区边界值表达式的长度
partition_position	bigint	在索引内分区的位置
tablespace_name	text	包含分区的表空间的名称
logging	text	对索引的更改是否记录日志
num_rows	real	返回的行数
last_analyzed	timestamp with time zone	最近对此分区进行 analyze 的日期

8）ALL_IND_STATISTICS

视图 ALL_IND_STATISTICS 显示当前用户可以访问的表上，索引的优化器统计信息，具体如表 3-19 所示。

表 3-19　视图 ALL_IND_STATISTICS

名称	类型	描述
owner	text	对象的名称
index_name	text	索引的名称
table_owner	text	索引所在表的所有者
table_name	text	索引所在表的名称
partition_name	text	分区的名字
partition_position	bigint	在索引内分区的位置
object_type	text	对象的类型
distinct_keys	double precision	索引中不同键的数目
num_rows	real	返回的行数
last_analyzed	timestamp with time zone	最近对此分区进行 analyze 的日期

9）LL_INDEXES

视图 ALL_INDEXES 提供了在当前用户可访问的表上定义的索引的信息，具体如表 3-20 所示。

表 3-20　视图 ALL_INDEXES

名称	类型	描述
owner	text	索引所有者的用户名
index_name	text	索引的名称
table_owner	text	表所有者的用户名。在这张表中已经定义了索引
table_name	text	已定义索引的表的名称
table_type	text	表类型
uniqueness	text	用于指示索引是 UNIQUE 还是 NONUNIQUE
tablespace_name	text	如果表所在的表空间不是缺省表空间，那么在该字段中显示该表空间的名字
logging	text	对索引的修改是否记录日志
distinct_keys	double precision	不同索引值的数目
status	text	用于指示对象的状态是否有效（可允许使用的值是 valid 或 invalid）
num_rows	text	索引中行的数量
last_analyzed		索引最近一次分析的时间
partitioned	char（3）	用于指示索引是否已分区
temporary	char（1）	用于指示索引是否是在临时表上定义的

10）ALL_MVIEWS

视图 ALL_MVIEWS 提供了当前用户可访问的物化视图的信息，具体如表 3-21 所示。

表 3-21　视图 ALL_MVIEWS

名称	类型	描述
owner	text	物化视图的所有者
mview_name	text	物化视图的名称
query	text	定义物化视图的语句
query_len	integer	定义物化视图语句的长度

11）ALL_OBJECTS

视图 ALL_OBJECTS 提供数据库对象的信息，包括：表、索引、序列、同义词、视图、触发器、函数、存储过程、包定义和包主体。需要注意的是 ALL_OBJECTS 视图中只显示了 SPL 的触发器、函数、存储过程、包定义和包主体。PL/pgSQL 的触发器和函数不在 ALL_OBJECTS 视图中显示，具体如表 3-22 所示。

表 3-22　视图 ALL_OBJECTS

名称	类型	描述
owner	text	对象所有者的用户名
object_name	text	对象名称
subobject_name	text	子对象的名称，例如分区
object_id	oid	对象的 oid
data_object_id	oid	包含该对象的段的 oid
object_type	text	对象的类型
temporary	text	对象是否是临时的（只在当前 session 存在）

12）ALL_PART_INDEXES

视图 ALL_PART_INDEXES 显示当前用户可访问的分区索引的对象级分区信息，具体如表 3-23 所示。

表 3-23　视图 ALL_PART_INDEXES

名称	类型	描述
owner	text	分区索引的所有者
index_name	text	分区索引的名称
table_name	text	分区表的名称
partitioning_type	text	分区类型
partition_count	bigint	索引中分区个数
partitioning_key_count	smallint	分区键的列数量
def_tablespace_name	text	增加一个表分区使用的默认表空间
def_logging	text	增加一个表分区时使用的默认日志记录属性

13）ALL_PART_TABLES

视图 ALL_PART_TABLES 显示当前用户可见的所有分区表的信息，具体如表 3-24 所示。

表 3-24　视图 ALL_PART_TABLES

名称	类型	描述
owner	text	分区表的所有者
table_name	text	分区表的名称
partitioning_type	text	分区类型
partition_count	bigint	表中分区个数
partitioning_key_count	smallint	分区键的列数量
def_tablespace_name	text	增加一个表分区时使用的默认表空间
def_logging	text	增加一个表分区时使用的默认日志记录属性

14）ALL_PROCEDURES

视图 ALL_PROCEDURES 显示当前用户可见的所有的存储过程和函数，具体如表 3-25 所示。

表 3-25　视图 ALL_PROCEDURES

名称	类型	描述
owner	text	存储过程或者函数的所有者
object_name	text	对象名称
object_id	oid	对象的 oid
object_type	text	对象的类型
aggregate	text	是否是集合函数
parallel	text	指示过程或函数是否可启动并行
deterministic	text	函数或者过程是否被声明为确定的

15）ALL_SEQUENCES

视图 ALL_SEQUENCES 显示了当前用户可见的所有序列的信息，具体如表 3-26 所示。

表 3-26　视图 ALL_SEQUENCES

名称	类型	描述
sequence_owner	text	序列所有者的用户名
sequence_name	text	序列的名称
min_value	bigint	序列的最小值
max_value	bigint	序列的最大值
increment_by	bigint	在当前序列号上增加的值, 用于创建下一个序列号
cycle_flag	boolean	指定当序列到达 min_value 或 max_value 时是否应循环
cache_size	bigint	存储在内存中的预分配序列号的数量
last_number	bigint	保存到磁盘的最后一个序列号的值
sequence_user	text	序列的所有者
data_type	regtype	序列数据类型
start_value	bigint	序列起始值

16）ALL_SOURCE

视图 ALL_SOURCE 提供的程序类型的源代码列表, 包括函数、存储过程、触发器, 具体如表 3-27 所示。

表 3-27　视图 ALL_SOURCE

名称	类型	描述
owner	text	程序所有者的用户名称
name	text	程序名
type	text	程序的类型: 包含函数、存储过程和触发器
line	integer	与指定程序相关的源代码行号
text	text	源代码的文本行

17）ALL_TAB_COL_STATISTICS

视图 ALL_TAB_COL_STATISTICS 包含从 ALL_TAB_COLUMNS 提取的列统计信息, 具体如表 3-28 所示。

表 3-28　视图 ALL_TAB_COL_STATISTICS

名称	类型	描述
owner	text	列所在表或视图的所在 schema
table_name	text	表或视图的名称
column_name	text	列的名称
num_distinct	double precision	列中不同值的数目
num_nulls	real	列中 null 值的个数
avg_col_len	integer	列的平均长度（以字节为单位）

18）ALL_TAB_COLUMN

视图 ALL_TAB_COLUMN 提供了所有用户定义表中关于所有列的信息，具体如表 3-29 所示。

表 3-29　视图 ALL_TAB_COLUMN

名称	类型	描述
owner	text	列所在表或视图所在的 schema
table_name	text	表或视图的名称
column_name	text	列的名称
data_type	text	列的数据类型
data_type_owner	text	列的数据类型所在的 schema
data_length	integer	文本列的长度
data_length_octet	integer	—
data_precision	integer	number 列的数据精度
data_scale	integer	一个数值中小数点右边的数字
nullable	text	列是否可为空。可能值包括：Y，列可为空；N，列不可为空
column_id	smallint	表或视图中列的相对位置
default_length	integer	列默认值的长度
data_default	text	列的默认值
num_distinct	double precision	列中不同值的数目
correlation	real	—
num_nulls	real	列中 null 值的个数
avg_col_len	integer	列的平均长度（以字节为单位）

19）ALL_TAB_COLUMNS

视图 ALL_TAB_COLUMNS 提供了所有用户定义表中关于所有列的信息，具体如表 3-30 所示。

表 3-30　视图 ALL_TAB_COLUMNS

名称	类型	描述
owner	text	列所在表或视图所在的 schema
table_name	text	表或视图的名称
column_name	text	列的名称
data_type	text	列的数据类型
data_type_owner	text	列的数据类型所在的 schema
data_length	integer	文本列的长度
data_length_octet	integer	未找到定义
data_precision	integer	number 列的数据精度
data_scale	integer	一个数值中小数点右边的数字
nullable	text	列是否可为空。可能值包括：Y—列可为空；N—列不可为空
column_id	smallint	表或视图中列的相对位置
default_length	integer	列默认值的长度
data_default	text	列的默认值
num_distinct	double precision	列中不同值的数目
correlation	real	未找到定义
num_nulls	real	列中 null 值的个数
avg_col_len	integer	列的平均长度（以字节为单位）

20）ALL_TAB_COMMENTS

视图 ALL_TAB_COMMENTS 展示当前用户可见的表或者视图上的注释，具体如表 3-31 所示。

表 3-31　视图 ALL_TAB_COMMENTS

名称	类型	描述
owner	text	对象（表、视图、索引等）所在 schema
table_name	text	对象名

名称	类型	描述
table_type	text	对象类型
comments	text	注释信息

21）ALL_TAB_MODIFICATIONS

视图 ALL_TAB_MODIFICATIONS 描述了当前用户可以访问的自上次收集统计信息以来已被修改的表，具体如表 3-32 所示。

表 3-32　视图 ALL_TAB_MODIFICATIONS

名称	类型	描述
table_owner	text	被修改表所在 schema
table_name	text	被修改的表名
partition_name	text	被修改的分区名
inserts	bigint	自上次收集统计信息以来的大概插入数
updates	bigint	自上次收集统计信息以来的大概更新数
deletes	bigint	自上次收集统计信息以来的大概删除数
timestamp	timestamp with time zone	表最后被修改的时间

22）ALL_TAB_PARTITIONS

视图 ALL_TAB_PARTITIONS 提供位于数据库中的所有分区的信息，具体如表 3-33 所示。

表 3-33　视图 ALL_TAB_PARTITIONS

名称	类型	描述
table_owner	text	表所在 schema
table_name	text	表的名称
partition_name	text	分区名
high_value	text	CREATE TABLE 语句中指定的高分区值
high_value_length	integer	分区值的长度
partition_position	bigint	表中分区的位置
tablespace_name	text	包含分区的表空间
logging	text	对表的修改是否记录日志

名称	类型	描述
num_rows	real	本分区中的行数
blocks	integer	分区中使用的数据块的数量
avg_row_len	bigint	分区中一行的平均长度（以字节为单位）
last_analyzed	timestamp with time zone	最近分析此分区的日期

23）ALL_TAB_PRIVS

视图 ALL_TAB_PRIVS 显示当前数据库中的授权信息，具体如表 3-34 所示。

表 3-34　视图 ALL_TAB_PRIVS

名称	类型	描述
grantee	text	授予访问权限的用户的名称
owner	text	对象所在的 schema
table_name	text	对象的名称
grantor	text	执行授权操作的用户
privilege	varchar2	对象上的权限
grantable	boolean	指示是否使用授予选项（yes）或不（no）
hierarchy	boolean	指示是否使用 HIERARCHY 选项授予特权（yes）或不（no）

24）ALL_TAB_STATISTICS

视图 ALL_TAB_STATISTICS 显示当前用户可以访问的表的优化器统计信息，具体如表 3-35 所示。

表 3-35　视图 ALL_TAB_STATISTICS

名称	类型	描述
owner	text	表所在的 schema
table_name	text	表名
partition_name	text	分区名
partition_position	bigint	分区的位置
object_type	text	对象类型，例如表、分区
num_rows	real	对象中行数

名称	类型	描述
blocks	integer	对象中数据块的数量
avg_row_len	bigint	平均行长度
last_analyzed	timestamp with time zone	对表进行分析的最近时间

25）ALL_TABLES

视图 ALL_TABLES 提供所有用户定义表的信息，具体如表 3-36 所示。

表 3-36　视图 ALL_TABLES

名称	类型	描述
owner	text	表所属 schema 的名称
table_name	text	表名
tablespace_name	text	表所在的表空间名称
logging	text	是否记录对表的更改
num_rows	real	表中的行数
blocks	integer	表中使用的数据块的数量
avg_row_len	bigint	表中一行的平均长度
last_analyzed	timestamp with time zone	表最后一次被分析的日期
partitioned	text	是否是分区表
temporary	text	是否是临时表

26）ALL_TRIGGER_COLS

视图 ALL_TRIGGER_COLS 描述了当前用户可以访问的触发器中的列的使用情况，具体如表 3-37 所示。

表 3-37　视图 ALL_TRIGGER_COLS

名称	类型	描述
trigger_owner	text	触发器所在 schema
trigger_name	text	触发器名称
table_owner	text	表所在 schema
table_name	text	定义触发器的表的名称
column_name	text	触发器使用的列名

27）ALL_TRIGGERS

视图 ALL_TRIGGERS 提供了在当前用户可访问表上所定义触发器的信息，具体如表 3-38 所示。

表 3-38　视图 ALL_TRIGGERS

名称	类型	描述
owner	text	触发器所在 schema
trigger_name	text	触发器名称
trigger_type	text	触发器的类型
triggering_event	text	激发触发器的事件
table_owner	text	定义触发器的表的 schema
base_object_type	text	定义触发器的基础对象类型，这里是固定的 TABLE 类型
table_name	text	定义触发器的表的名称
referencing_names	text	用于从触发器中引用旧列和新列值的名称
when_clause	varchar2	要执行 TRIGGER_BODY 必须求值为真的条件
status	text	指示触发器是启用（启用）还是禁用（禁用）
action_type	text	触发器主体的动作类型，AntDB 中一直是 'PL/SQL'
trigger_body	varchar2	触发器的正文
before_statement	text	指示触发器是否有 BEFORE STATMENT 部分（yes）或没有（no）
before_row	text	指示触发器是否有 BEFORE EACH ROW 部分（yes）或没有（no）
after_row	text	指示触发器是否有 AFTER EACH ROW 部分（yes）或否（no）
after_statement	text	指示触发器是否有 AFTER STATMENT 部分（yes）或没有（no）
instead_of_row	text	指示触发器是否有 INSTEAD OF 部分（yes）或没有（no）

28）ALL_TYPES

视图 ALL_TYPES 提供了对当前用户有效的对象类型的信息，具体如表 3-39 所示。

表 3-39　视图 ALL_TYPES

名称	类型	描述
owner	text	对象类型的所在 schema
type_name	text	类型的名称
type_oid	oid	类型的对象标识符（OID）
typecode	text	类型的对象代码，有 DOMAIN、COMPOSITE、RANGE、PSEUDO
predefined	text	指示类型是否为预定义类型 yes 或 no

29）ALL_USERS

视图 ALL_USERS 提供了所有用户名称的信息，具体如表 3-40 所示。

表 3-40　视图 ALL_USERS

名称	类型	描述
username	VARCHAR2	用户名
user_id	VARCHAR2	分配给用户的数值型的用户 ID

30）ALL_VIEWS

视图 ALL_VIEWS 提供了所有用户定义视图的信息，具体如表 3-41 所示。

表 3-41　视图 ALL_VIEWS

名称	类型	描述
owner	text	视图所在 schema
view_name	text	视图名称
text_length	integer	视图语句的长度
text	text	定义视图的 select 语句
text_vc	text	定义视图的 select 语句

31）COLS

视图 COLS 与 USER_TAB_COLUMNS 的定义相同，都是显示了当前用户拥有的表中所有列的信息。列定义与视图 ALL_TAB_COLUMNS 相同。

32）DBA_ALL_TABLES

视图 DBA_ALL_TABLES 提供了在数据库中所有表的信息。

33）DBA_CATALOG

视图 DBA_CATALOG 显示当前数据库中所有的表、视图、序列信息。列的定义与视图 ALL_CATALOG 相同。

34）DBA_COL_PRIVS

视图 DBA_COL_PRIVS 显示当前用户可见的列上的授权信息。列的定义与视图 ALL_COL_PRIVS 相同。

35）DBA_CONNECT_ROLE_GRANTEES

视图 DBA_CONNECT_ROLE_GRANTEES 显示有关被授予 CONNECT 特权的用户的信息，具体如表 3-42 所示。

表 3-42　视图 DBA_CONNECT_ROLE_GRANTEES

名称	类型	描述
grantee	text	被授予 connect 权限的用户名
path_of_connect_role_grant	text	角色继承的路径，通过该路径授予授予者连接角色。在 AntDB 中，本列的值同 GRANTEE 相同
admin_opt	text	授予者是否被授予"CONNECT"角色的"ADMIN"选项，这里是 NO

36）DBA_CONS_COLUMNS

视图 DBA_CONS_COLUMNS 提供了在数据库中所有表上定义的约束中包含的所有列的信息。列的定义与视图 ALL_CONS_COLUMNS 相同。

37）DBA_CONSTRAINTS

视图 DBA_CONSTRAINTS 提供了在数据库中表上所有约束的信息。列的定义与视图 ALL_CONSTRAINTS 相同。

38）DBA_DEPENDENCIES

视图 DBA_DEPENDENCIES 显示数据库对象之间的相互依赖关系。列的定义与视图 ALL_DEPENDENCIES 相同。

39）DBA_IND_COLUMNS

视图 DBA_IND_COLUMNS 提供了在数据库中所有表上索引中包含的所有

列的信息。列的定义与视图 ALL_IND_COLUMNS 相同。

40）DBA_IND_PARTITIONS

视图 DBA_IND_PARTITIONS 显示数据库中每个索引分区统计信息。列的定义与视图 ALL_IND_PARTITIONS 相同。

41）DBA_IND_STATISTICS

视图 DBA_IND_STATISTICS 显示数据库中所有表上的索引的优化器统计信息。列的定义与视图 ALL_IND_STATISTICS 相同。

42）DBA_INDEX_USAGE

DBA_INDEX_USAGE 显示每个索引的累计统计信息，具体如表 3-43 所示。

表 3-43　视图 DBA_INDEX_USAGE

名称	类型	描述
object_id	oid	索引的对象 ID
name	text	索引的名称
owner	text	索引所在的模式名称
total_access_count	bigint	索引被访问的总次数
total_rows_returned	bigint	索引返回的总行数

43）DBA_INDEXES

视图 DBA_INDEXES 提供了在数据库中所有索引的信息。列的定义与视图 ALL_INDEXES 相同。

44）DBA_MVIEWS

视图 DBA_MVIEWS 显示数据库中所有物化视图的信息。列的定义与视图 ALL_MVIEWS 相同。

45）DBA_OBJECTS

视图 DBA_OBJECTS 提供了在数据库中所有对象的信息。列的定义与视图 ALL_OBJECTS 相同。

46）DBA_PART_INDEXES

视图 DBA_PART_INDEXES 显示数据库中所有的分区索引对象级的分区信

息。列的定义与视图 ALL_PART_INDEXES 相同。

47）DBA_PART_TABLES

视图 DBA_PART_TABLES 显示数据库中所有分区表的信息。列的定义与视图 ALL_PART_TABLES 相同。

48）DBA_PROCEDURES

视图 DBA_PROCEDURES 显示数据库中所有的存储过程和函数。列的定义与视图 ALL_PROCEDURES 相同。

49）DBA_ROLES

视图 DBA_ROLES 显示数据库中所有角色的信息，具体如表 3-44 所示。

表 3-44　视图 DBA_ROLES

名称	类型	描述
role	name	角色名称
role_id	oid	角色的 oid

50）DBA_SEGMENTS

视图 DBA_SEGMENTS 显示数据库中的所有段分配的存储，具体如表 3-45 所示。

表 3-45　视图 DBA_SEGMENTS

名称	类型	描述
owner	text	段的所有者
segment_name	text	段的名称
partition_name	text	对象分区名
segment_type	text	段的类型
tablespace_name	text	表空间的名称
bytes	bigint	段的大小（以字节为单位）
blocks	bigint	段的大小（以块为单位）

51）DBA_SEQUENCES

视图 DBA_SEQUENCES 显示了数据库中所有序列的信息。列的定义与视图 ALL_SEQUENCES 相同。

52）DBA_SOURCE

视图 DBA_SOURCE 提供了数据库中所有对象的源代码列表。列的定义与视图 ALL_SOURCE 相同。

53）DBA_TAB_COL_STATISTICS

视图 DBA_TAB_COL_STATISTICS 显示从 DBA_TAB_COLUMNS 提取的列统计信息。列的定义与视图 ALL_TAB_COL_STATISTICS 相同。

54）DBA_TAB_COLS

视图 DBA_TAB_COLS 提供了数据库中表中列的信息。列的定义与视图 ALL_TAB_COLS 相同。

55）DBA_TAB_COLUMNS

视图 DBA_TAB_COLUMNS 提供了数据库中表中列的信息。列的定义与视图 ALL_TAB_COLUMNS 相同。

56）DBA_TAB_COMMENTS

视图 DBA_TAB_COMMENTS 展示数据库中所有的表或者视图上的注释。列的定义与视图 ALL_TAB_COMMENTS 相同。

57）DBA_TAB_MODIFICATIONS

视图 DBA_TAB_MODIFICATIONS 描述了数据库自上次收集统计信息以来已被修改的表。列的定义与视图 ALL_TAB_MODIFICATIONS 相同。

58）DBA_TAB_PARTITIONS

视图 DBA_TAB_PARTITIONS 提供位于数据库中的所有分区的信息。列的定义与视图 ALL_TAB_PARTITIONS 相同。

59）DBA_TAB_PRIVS

视图 DBA_TAB_PRIVS 显示数据库中所有的授权信息。列的定义与视图 ALL_TAB_PRIVS 相同。

60）DBA_TAB_STATISTICS

视图 DBA_TAB_STATISTICS 显示数据库中表的优化器统计信息。列的定义与视图 ALL_TAB_STATISTICS 相同。

61）DBA_TABLES

视图 DBA _TABLES 提供了在数据库中所有表的信息。列的定义与视图
ALL_TABLES 相同。

62）DBA_TRIGGER_COLS

视图 DBA_TRIGGER_COLS 描述了当前用户可以访问的触发器中的列的
使用情况。列的定义与视图 ALL_TRIGGER_COLS 相同。

63）DBA_TRIGGERS

视图 DBA_TRIGGERS 提供了在数据库中所有触发器的信息。列的定义与
视图 ALL_TRIGGERS 相同。

64）DBA_TYPES

视图 DBA_TYPES 提供了在数据库中所有对象类型的信息。列的定义与视
图 ALL_TYPES 相同。

65）DBA_USERS

视图 DBA_USERS 提供了数据库所有用户的信息。列的定义与视图 ALL_
USERS 相同。

66）DBA_VIEWS

视图 DBA_VIEWS 提供了在数据库中所有视图的信息。列的定义与视图
ALL_VIEWS 相同。

67）DICT

视图 DICT 显示数据库中数据字典表和视图的描述，具体如表 3-46
所示。

表 3-46　视图 DICT

名称	类型	描述
owner	text	对象的模式名称
table_name	text	对象的名称
comments	text	对象上的注释

68）DICTIONARY

视图 DICTIONARY 显示数据库中数据字典表和视图的描述，具体如表 3-47 所示。

表 3-47　视图 DICTIONARY

名称	类型	描述
owner	text	对象的模式名称
table_name	text	对象的名称
comments	text	对象上的注释

69）IND

视图 IND 提供了在当前模式下所有索引的信息。列的定义与视图 ALL_INDEXES 相同。

70）OBJECTS

视图 OBJECTS 提供了在当前模式下所有对象的信息。列的定义与视图 ALL_OBJECTS 相同。

71）ROLE_TAB_PRIVS

视图 ROLE_TAB_PRIVS 描述授予角色的表特权，具体如表 3-48 所示。

表 3-48　视图 ROLE_TAB_PRIVS

名称	类型	描述
role	text	被授权的角色的名称
owner	text	模式的名称
table_name	text	表名
column_name	text	列名
privilege	varchar2	被授予的权限
grantable	boolean	如果该角色被授予 admin 选项，则为 yes；否则为 no

72）TABS

视图 TABS 提供了在当前模式中所有表的信息。列的定义与视图 ALL_TABLES 相同。

73）USER_CATALOG

视图 USER_CATALOG 显示当前用户拥有的所有的表、视图、序列信息。

列的定义与视图 ALL_CATALOG 相同。

74）USER_COL_PRIVS

视图 USER_COL_PRIVS 显示当前用户是授予者、被授予者或者拥有者时，列上的授权信息。列的定义与视图 ALL_COL_PRIVS 相同。

75）USER_CONNECT_ROLE_GRANTEES

视图 USER_CONNECT_ROLE_GRANTEES 显示当前 schema 下有关被授予 CONNECT 特权的用户的信息。列的定义与视图 DBA_CONNECT_ROLE_GRANTEES 相同。

76）USER_CONS_COLUMNS

视图 USER_CONS_COLUMNS 提供了当前 schema 下的表中包含在约束中所有列的信息。列的定义与视图 ALL_CONS_COLUMNS 相同。

77）USER_CONSTRAINTS

视图 USER_CONSTRAINTS 提供了当前 schema 下的表中所有约束的信息。列的定义与视图 ALL_CONSTRAINTS 相同。

78）USER_DEPENDENCIES

视图 USER_DEPENDENCIES 显示当前模式下数据库对象之间的相互依赖关系。列的定义与视图 ALL_DEPENDENCIES 相同。

79）USER_IND_COLUMNS

视图 USER_IND_COLUMNS 提供了当前模式下所有表中索引包含的所有列的信息。列的定义与视图 ALL_IND_COLUMNS 相同。

80）USER_IND_PARTITIONS

视图 USER_IND_PARTITIONS 显示当前模式下每个索引分区统计信息。列的定义与视图 ALL_IND_PARTITIONS 相同。

81）USER_IND_STATISTICS

视图 USER_IND_STATISTICS 显示当前模式下所有表上的索引的优化器统计信息。列的定义与视图 ALL_IND_STATISTICS 相同。

82）USER_INDEX_USAGE

USER_INDEX_USAGE 显示当前模式下每个索引的累计统计信息。列的定义与视图 DBA_INDEX_USAGE 相同。

83）USER_INDEXES

视图 USER_INDEXES 提供了在当前模式中所有索引的信息。列的定义与视图 ALL_INDEXES 相同。

84）USER_MVIEWS

视图 USER_MVIEWS 显示当前模式下所有物化视图的信息。列的定义与视图 ALL_MVIEWS 相同。

85）USER_OBJECTS

视图 USER_OBJECTS 提供了当前模式下所有对象的信息。列的定义与视图 ALL_OBJECTS 相同。

86）USER_PART_INDEXES

视图 USER_PART_INDEXES 显示当前模式下所有的分区索引对象级的分区信息。列的定义与视图 ALL_PART_INDEXES 相同。

87）USER_PART_TABLES

视图 USER_PART_TABLES 显示当前模式下所有分区表的信息。列的定义与视图 ALL_PART_TABLES 相同。

88）USER_PROCEDURES

视图 USER_PROCEDURES 显示当前模式下所有的存储过程和函数。列的定义与视图 ALL_PROCEDURES 相同。

89）USER_SEGMENTS

视图 USER_SEGMENTS 显示当前模式中的所有段分配的存储。列的定义与视图 DBA_SEGMENTS 相同。

90）USER_SEQUENCES

视图 USER_SEQUENCES 显示了当前模式中所有序列的信息。列的定义与视图 ALL_SEQUENCES 相同。

91）USER_SOURCE

视图 USER_SOURCE 提供了当前模式中所有对象的源代码列表。列的定义与视图 ALL_SOURCE 相同。

92）USER_TAB_COL_STATISTICS

视图 USER_TAB_COL_STATISTICS 显示从视图 USERE_TAB_COLUMNS 提取的列统计信息。列的定义与视图 ALL_TAB_COL_STATISTICS 相同。

93）USER_TAB_COLS

视图 USER_TAB_COLS 提供了当前模式中存在的表中列的信息。列的定义与视图 ALL_TAB_COLS 相同。

94）USER_TAB_COLUMNS

视图 USER_TAB_COLUMNS 显示了当前模式下表中所有列的信息。列的定义与视图 ALL_TAB_COLUMNS 相同。

95）USER_TAB_COMMENTS

视图 USER_TAB_COMMENTS 展示当前模式下所有的表或者视图上的注释。列的定义与视图 ALL_TAB_COMMENTS 相同。

96）USER_TAB_MODIFICATIONS

视图 USER_TAB_MODIFICATIONS 描述了当前模式下自上次收集统计信息以来已被修改的表。列的定义与视图 ALL_TAB_MODIFICATIONS 相同。

97）USER_TAB_PARTITIONS

视图 USER_TAB_PARTITIONS 提供当前模式下的所有分区的信息。列的定义与视图 ALL_TAB_PARTITIONS 相同。

98）USER_TAB_PRIVS

视图 USER_TAB_PRIVS 显示当前模式下所有的授权信息。列的定义与视图 ALL_TAB_PRIVS 相同。

99）USER_TAB_STATISTICS

视图 USER_TAB_STATISTICS 显示当前模式下表的优化器统计信息。列的定义与视图 ALL_TAB_STATISTICS 相同。

100）USER_TABLES

视图 USER_TABLES 显示了当前用户拥有的表的信息。

101）USER_TRIGGER_COLS

视图 USER_TRIGGER_COLS 描述了当前模式下触发器中的列的使用情况。列的定义与视图 ALL_TRIGGER_COLS 相同。

102）USER_TRIGGERS

视图 USER_TRIGGERS 提供了在当前模式下所有触发器的信息。列的定义与视图 ALL_TRIGGERS 相同。

103）USER_TYPES

视图 USER_TYPES 提供了当前模式下所有对象类型的信息。列的定义与视图 ALL_TYPES 相同。

104）USER_VIEWS

视图 USER_VIEWS 提供了在当前模式下所有视图的信息。列的定义与视图 ALL_VIEWS 相同。

105）V$PARAMETER

视图 V$PARAMETER 显示当前在会话中生效的初始化参数的信息，具体如表 3-49 所示。

表 3-49　视图 V$PARAMETER

名称	类型	描述
name	text	参数名称
type	integer	参数类型：1 - Boolean、2 - String、3 - Integer、4 - Enum、6 - Real
type_name	text	参数类型名称
value	text	当前 session 中的参数值
display_value	text	当前 session 中的参数值
default_value	text	参数的默认值
isdefault	text	参数是否是默认值
ismodified	text	数据库启动后，参数是否被修改过
isadjusted	text	参数是否被数据库调整到更合适的值。在 AntDB 中，指的是数据库初始化后，不允许修改的值
description	text	关于参数的描述信息

106）V$PARAMETER_VALID_VALUES

视图 V$PARAMETER_VALID_VALUES 显示列表参数的有效值列表，具体如表 3-50 所示。

表 3-50　视图 V$PARAMETER_VALID_VALUES

名称	类型	描述
name	text	参数名称
ordinal	bigint	列表的序号
value	text	参数值
isdefault	text	是否是默认值

107）V$SESSION

视图 V$SESSION 展示当前会话的信息，具体如表 3-51 所示。

表 3-51　视图 V$SESSION

名称	类型	描述
sid	integer	会话标识符
username	text	用户名
status	text	会话的状态
machine	text	操作系统的主机名称
port	integer	客户端端口号
program	text	操作系统程序名称
type	text	会话类型
sql_text	text	会话中正在执行的 SQl 语句
client_info	inet	客户端信息
logon_time	timestamp with time zone	登录的时间
event	text	会话等待的事件
wait_class	text	等待事件类的名称

108）V$SPPARAMETER

视图 V$SPPARAMETER 显示服务器参数文件的内容，具体如表 3-52 所示。

表 3-52　视图 V$SPPARAMETER

名称	类型	描述
name	text	参数的名称
type	integer	参数类型：1 - Boolean，2 - String，3 - Integer，4 - Enum，6 - Real
type_name	text	参数类型名称
value	text	参数值
display_value	text	参数值
isspecified	text	指示是否在服务器参数文件中指定了该参数（yes）或不（no）

3.8　AntDB 管理节点 Adbmgr 介绍

3.8.1　Adbmgr简介

Adbmgr 是针对 AntDB 集群的管理工具，具有管理 AntDB 集群的所有功能，包括 AntDB 集群的初始化、启动、停止以及所有集群节点的参数设置；也包括 AntDB 集群的扩缩容等功能。Adbmgr 与 AntDB 集群之间的关系如图 3-29 所示。

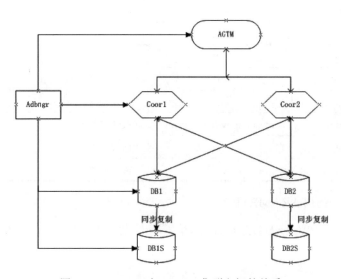

图 3-29　Adbmgr 与 AntDB 集群之间的关系

AntDB 集群可以部署在多台机器上，Adbmgr 为了实现管理 AntDB 集群的功能，需要在每台主机上启动一个 agent 进程，Adbmgr 通过 agent 进程实现对 AntDB 集群的管理。Adbmgr 包括对 agent 进程的管理。

例如，用户执行 start 命令来启动 host1 主机上的某个集群节点，Adbmgr 就会把 start 命令传给 host1 主机上的 agent 进程，由 agent 进程执行 start 命令；然后 agent 把 start 命令的执行结果传给 Adbmgr 并显示为用户命令的执行结果。所以，AntDB 集群所在的主机都要启动 agent 进程。

3.8.2　管理AntDB集群

为了方便管理 AntDB 集群，Adbmgr 提供了一系列的操作命令。根据命令的功能可以划分为下面七类：

- help相关命令。

- agent相关命令。

- host表相关命令。

- node表相关命令。

- param表相关命令。

- hba表相关命令。

- 集群管理相关命令。

下面分别介绍这些命令的功能和格式。

1. help 相关命令

在管理 AntDB 集群的过程中，如果对某个命令的格式或者功能有任何不明白，可以通过 help 命令查看该命令的功能描述和命令格式。

在 postareSQI 客户端只要执行 "\h" 命令即可查看当前 Adbmgr 支持的所有命令列表，如下所示：

```
antdb=#\h
Availablehelp:
ADBMGRPROMOTEALTERITEMCLEANGTMCOORDDROPUSERLISTPARAMRESETCOORDINAT
ORSTARTALL
ADDCOORDINATORALTERJOBCLEANMONITORFAILOVERDATANODEMONITORAGENTRESE
TDATANODESTARTCOORDINATOR
ADDDATANODEALTERUSERCONFIGDATANODEFAILOVERGTMCOORDMONITORALLRESETG
TMCOORDSTARTDATANODE
ADDGTMCOORDAPPENDACTIVATECOORDINATORCREATEUSERFLUSHHOSTMONITORCOOR
DINATORREVOKESTARTGTMCOORD
ADDHBAAPPENDCOORDINATORDEPLOYGRANTMONITORDATANODEREWINDDATANODESTO
PAGENT
ADDHOSTAPPENDCOORDINATORFORDROPCOORDINATORINITALLMONITORGTMCOORDRE
WINDGTMCOORDSTOPALL
ADDITEMAPPENDDATANODEDROPDATANODELISTACLMONITORHASETCLUSTERINITSTO
PCOORDINATOR
ADDJOBAPPENDGTMCOORDDROPGTMCOORDLISTHBAPROMOTEDATANODESETCOORDINAT
ORSTOPDATANODE
ALTERCOORDINATORCHECKOUTDNSLAVESTATUSDROPHBALISTHOSTPROMOTEGTMCOOR
DSETDATANODESTOPGTMCOORD
ALTERDATANODECLEANALLDROPHOSTLISTITEMREMOVECOORDINATORSETGTMCOORDS
WITCHOVERDATANODE
ALTERGTMCOORDCLEANCOORDINATORDROPITEMLISTJOBREMOVEDATANODESHOWSWIT
CHOVERGTMCOORD
ALTERHOSTCLEANDATANODEDROPJOBLISTNODEREMOVEGTMCOORDSTARTAGENT
antdb=#
```

也可通过在"\h"后面添加具体的命令名称，查看指定命令的功能和格式。如下所示：

```
antdb=#\hstart
Command:STARTAGENT
Description:starttheagentprocessontheADBcluster
Syntax:
STARTAGENT{ALL|host_name[,...]}[PASSWORDpasswd]

Command:STARTALL
Description:startallthenodesontheADBcluster
Syntax:
STARTALL
```

```
Command:STARTCOORDINATOR
Description:startthecoordinatornodetypeontheADBcluster
Syntax:
STARTCOORDINATOR[MASTER|SLAVE]ALL
STARTCOORDINATOR{MASTER|SLAVE}node_name[,...]

Command:STARTDATANODE
Description:startthedatanodenodetypeontheADBcluster
Syntax:
STARTDATANODEALL
STARTDATANODE{MASTER|SLAVE}{ALL|node_name[,...]}

Command:STARTGTMCOORD
Description:startthegtmcoordnodetypeontheADBcluster
Syntax:
STARTGTMCOORDALL
STARTGTMCOORD{MASTER|SLAVE}node_name
```

后面章节的所有命令都可以通过上面的方式查看帮助信息。

2. agent 相关命令

agent 进程是 Adbmgr 实现管理 AntDB 集群的关键。它是 Adbmgr 和 AntDB 集群之间传输命令和返回命令执行结果的中间代理。所以要实现对 AntDB 集群的管理，需要 agent 进程正常运行。管理 agent 进程的命令有 start agent、stop agent 和 monitor agent 三个命令。下面对这三个命令进行介绍。

1）start agent

命令功能：启动指定主机上的 agent 进程。指定的主机需在 host 表中，具体功能可通过帮助命令"\h start agent"查看。

命令格式：

```
START AGENT { ALL | host_name [,...] } [ PASSWORD passwd ]
```

命令举例：

— 启动 host 表中主机上所有 agent 进程（主机之间没有配置互信，所有主机上用户密码都为"sdg3565"）：

```
START AGENT ALL PASSWORD 'sdg3565';
```

— 启动 host 表中主机上所有 agent 进程（主机之间已经配置互信）：

```
START AGENT ALL ;
```

— 启动 host 表中 host1、host2 主机上的 agent 进程（主机之间没有配置互信，host1、host2 上用户密码都为 "sdg3565"）：

```
START AGENT host1,host2 PASSWORD 'sdg3565';
```

— 启动 host 表中 host1、host2 主机上的 agent 进程（主机之间已经配置互信）：

```
START AGENT host1,host2 ;
```

2）stop agent

命令功能：停止指定主机上的 agent 进程。指定的主机需在 host 表中，具体功能可通过帮助命令 "\h stop agent" 查看。

命令格式：

```
STOP AGENT { ALL | host_name [,...] }
```

命令举例：

— 停止 host 表中所有主机上的 agent 进程：

```
STOP AGENT ALL ;
```

— 停止 host 表中 host1、host2 主机上的 agent 进程：

```
STOP AGENT host1,host2 ;
```

3）monitor agent

命令功能：查看 host 表中指定主机上 agent 进程的运行状态。agent 进程有 running 和 not running 两种运行状态。具体功能可通过帮助命令 " \h stop agent " 查看。

命令格式：

```
MONITOR AGENT [ ALL | host_name [,...] ]
```

命令举例：

— 查看 host 表中所有主机上的 agent 进程的运行状态：

```
MONITOR AGENT ALL ;
```

— 查看 host 表中 host1、host2 主机上 agent 进程的运行状态：

```
MONITOR AGENT host1,host2 ;
```

3. host 表相关命令

host 表存放主机的相关信息，而主机信息又与 node 节点相关，所以在添加节点之前必须添加 agent 到 host 表中，在 init all 集群之前，必须先 start agent，而这张 host 表就是用来管理 host 和 agent。管理 host 表的命令有 add host、alter host、drop host 和 list host、flush host 五个命令，下面对这五个命令进行介绍。

1）add host

命令功能：添加新的主机到 host 表，参数可以选择添加至少一个，缺省参数会以默认值加入。 具体功能可通过帮助命令" \h add host "查看。

命令格式：

```
ADD HOST[IFNOTEXISTS]host_name(option)
whereoptionmustbethefollowing:
ADDRESS=host_address,
AGENTPORT=agent_port_number,
ADBHOME=adb_home_path,
PORT=port_number,
PROTOCOL=protocol_type,
USER=user_name
```

参数说明：

host_address：主机名对应的 ip 地址，不支持主机名。

agent_port_number：agent 进程监听端口号。

adb_home_path：数据库集群安装包存放路径。

host_name：主机名。

user_name：数据库集群安装用户。

protocol_type：数据库集群安装包传输使用的协议，可以为 telnet、ssh。现只支持 ssh。

port_number：protocol_type 对应的协议的端口号，现只支持 ssh，默认对应端口号 22。

命令举例：

—添加主机名为 host_name1 信息：数据库安装用户 AntDB，数据库安装包使用 ssh 协议传输，host_name1 对应的 ip 为"10.1.226.202"，agent 监听端口为 5660，安装包存放路径设置为"/opt/antdb/app"：

```
ADD HOST host_name1（USER=antdb, PROTOCOL=ssh, ADDRESS='10.1.226.202',
AGENTPORT=5660, adbhome='/opt/antdb/app')；
```

2）alter host

命令功能： 修改 host 表中的参数，可以是一个，也可以是多个。 具体功能可通过帮助命令" \h alter host" 查看。

注意： 在集群初始化后，alter host 命令无法进行操作。

命令格式：

```
ALTER HOST[IFNOTEXISTS]host_name(option)
whereoptionmustbethefollowing:
ADDRESS=host_address,
AGENTPORT=agent_port_number,
ADBHOME=adb_home_path,
PORT=port_number,
PROTOCOL=protocol_type,
USER=user_name
```

参数说明：

host_name：主机名。

user_name：数据库集群安装用户。

protocol_type：数据库集群安装包传输使用的协议，可以为 telnet、ssh。现只支持 ssh。

port_number：protocol_type 对应的协议的端口号，现只支持 ssh，默认对应端口号 22。

agent_port_number：agent 进程监听端口号。

host_address：主机名对应的 ip 地址，不支持主机名。

adb_home_path：数据库集群安装包存放路径。

命令举例：

—修改 host_name1 对应的 agent 端口为 5610：

```
ALTER host_name1 （AGENTPORT=5610）;
```

—修改 host_name1 对应的 agent 端口为 5610，安装包存放路径为 "/home/data/antdbhome"：

```
ALTER host_name1 (AGENTPORT=5610,ADBHOME='/home/data/antdbhome');
```

3）drop host

命令功能： 从 host 表中删除指定的主机，但是主机没有被依赖使用，不然会报错。具体功能可通过帮助命令 " \h drop host" 查看。

命令格式：

```
DROP HOST [ IF EXISTS ] host_name [,… ]
```

命令举例：

—连续删除 host 表中的主机名为 localhost1 和 localhost2 的成员：

```
DROP  HOST  localhost1,localhost2:
```

—删除 host 表中的主机名为 localhost 的成员：

```
DROP  HOST  localhost1;
```

4）list host

命令功能： 显示 host 表中的成员变量，可以显示指定的主机部分的参数，也可以显示全部参数，以及显示 host 表中的所有主机参数内容。

命令格式：

```
LIST HOST[(option[,...])][host_name[,...]]
whereoptioncanbeoneof:
NAME
USER
PORT
PROTOCOL
```

```
AGENTPORT
ADDRESS
ADBHOME
```

参数说明：

NAME：主机名。

USER：数据库集群安装用户。

PORT：protocol_type 对应的协议的端口号，现只支持 ssh，默认对应端口号 22。

PROTOCOL：数据库集群安装包传输使用的协议，可以为 telnet、ssh。现只支持 ssh。

AGENTPORT：agent 进程监听端口号。

ADDRESS：主机名对应的 ip 地址。

ADBHOME：数据库集群安装包存放路径。

命令举例：

一显示 host 表中所有主机成员的信息：

```
LIST  host;
```

一显示 host 表中指定主机的成员信息：

```
LIST  host  localhost1;
```

一显示 host 表中指定主机的指定参数信息：

```
LIST  host  (user,agentport,address)  localhost1;
```

5）flush host

命令功能：集群初始化后，在机器 ip 地址出现变更时，首先通过 alter host 修改 host 表中所有需要修改的主机名对应的 ip 地址，再通过 flush host 去更新所有数据库节点中对应的 ip 地址信息。

命令格式：

```
FLUSH HOST
```

命令举例：

一集群初始化后，机器 ip 发生变更，已完成 host 表中内容修改，需要刷新各个数据库节点 ip 地址信息：

```
FLUSH HOST;
```

flush host 操作会重启 slave 类型的节点，因为需要修改 recovery.conf 中的 primary_conninfo 信息。

4. node 表相关命令

node 表用于保存部署 AntDB 集群中每个节点的信息，同时包括从节点与主节点之间的同 / 异步关系等。管理 node 表的操作命令有：

- add node（包含 ADD GTMCOORD、ADD COORDINATOR、ADD DATANODE）。

- alter node（包含 ALTER GTMCOORD、ALTER COORDINATOR、ALTER DATANODE）。

- remove node（包含 DROP GTMCOORD、DROP COORDINATOR、DROP DATANODE）。

- drop node（包含 DROP GTMCOORD、DROP COORDINATOR、DROP DATANODE）。

- list node。

下面对这五个命令进行介绍。

1）add node

命令功能：在 node 表中添加节点信息。具体功能可通过帮助命令"\h add gtmcoord""\h add coordinator""\h add datanode"查看。

注意：gtmcoord 和 datanode 均可存在多个备机，nodetype 为 slave。第一个添加的 slave 节点默认为同步 slave，后续添加的 slave 节点默认为潜在同步，sync_state 字段值为 potential。

指定的节点数据存放路径需要为空目录，否则在执行初始化时报错。

命令格式：

```
ADD COORDINATOR MASTER master_name(option)
ADD DATANODE MASTER master_name(option)
ADD DATANODE SLAVE slave_nameFORmaster_name(option)
ADD GTMCOORD MASTER master_name(option)
ADD GTMCOORD SLAVE slave_nameFORmaster_name(option)
whereoptionmustbethefollowing:
HOST=host_name,
PORT=port_number,
SYNC_STATE=sync_mode,
        PATH=pg_data
        ZONE=zone_name
        READONLY=readonly_type(仅仅在add coordinator时有效)
```

参数说明：

node_name：节点名称，对应 node 表 name 列。

host_name：主机名，与 host 表中主机名对应。

port_number：节点监听端口号。

sync_mode：备机与主机的同异步关系。"on""t""true"均表示同步设置，"off""f""false"均表示异步设置。

pg_data：节点数据路径，需要保证该目录是空目录。

zone_name：节点所属的中心名字，默认是 local，用在双中心场景。

readonly_type：该 coordinator 是否为只读节点。

注意：datanode 和 gtmcoord 类型的节点支持级联，即 slave 节点可以挂在 slave 节点之下，所以 for 后面可以是 slave node 的名字。

命令举例：

一 添加 gtmcoord master 节点，主机为 localhost1，端口为 6768，数据路径为"/home/antdb/data/gc"：

```
ADD GTMCOORD MASTER gc (HOST=localhost1,PORT=6768,PATH='/home/
antdb/data/gc');
```

一 添加 gtmcoord slave 节点，主机为 localhost2，端口为 6768，数据路径为"/home/antdb/data/gc"：

```
ADD GTMCOORD SLAVE gcs for gc (HOST=localhost2,PORT=6768,SYNC=t,PA
TH='/home/antdb/data/gc');
```

—— 添加 coordinator 节点 coord1 信息，主机为 localhost1，端口为 5532，数据路径为 "/home/antdb/data/coord1"：

```
ADD COORDINATOR master coord1(HOST=localhost1,PORT=5532,PATH='/
home/antdb/data/coord1');
```

—— 添加 datanode master 节点 db1，主机为 localhost1，端口为 15533，数据路径为 "/home/antdb/data/db1"：

```
ADD DATANODE MASTER db1(HOST=localhost1,PORT=15533,PATH='/home/
antdb/data/db1');
```

——添加 datanode slave 节点 db1，主机为 localhost2，端口为 15533，数据路径为 "/home/antdb/data/db1"：

```
ADD DATANODE SLAVE db1s for db1(HOST=localhost1,PORT=15533,SYNC=t,P
ATH= '/home/antdb/data/db1');
```

——添加 datanode slave 节点 db1s 的级联 slave db11s：

```
ADD DATANODE SLAVE db11s for db1s(HOST=localhost1,PORT=15543,SYNC=t,
PATH= '/home/antdb/data/db11');
```

2）alter node

命令功能：在 node 表中修改节点信息。具体功能可通过帮助命令 "\h alter gtmcoord" "\h alter coordinator" "\h alter datanode" 查看。

注意：在集群初始化前，可以通过 alter node 更新节点信息；在集群初始化后，只允许更新备机 slave 同异步关系 sync_state 列。

命令格式：

```
ALTER GTMCOORD{MASTER|SLAVE}node_name(option)
ALTER COORDINATOR MASTERnode_name(option)
ALTER DATANODE{MASTER|SLAVE}node_name(option)

whereoptioncanbeoneof:
HOST=host_name,
PORT=port_number,
```

```
SYNC_STATE=sync_mode,
          PATH=pg_data
          ZONE=zone_name
```

参数说明：

node_name：节点名称，对应 node 表 name 列。

host_name：主机名，与 host 表中主机名对应。

port_number：节点监听端口号。

sync_mode：从节点与主节点的同异步关系。仅对从节点有效。取值"sync"表示该从节点是同步从节点，取值"potential"表示该从节点是潜在同步节点，取值"async"表示该从节点是异步从节点。

pg_data：节点数据路径，需要保证该目录是空目录。

zone_name：节点所属的中心名字，默认是 local，用在双中心场景。

命令举例：

一集群初始化前，更新 gtmcoord master 端口号为 6666：

```
ALTER GTMCOORD MASTER gtmcoord (PORT=6666);
```

一更新 gtmcoord slave 与 gtmcoord master 为同步关系：

```
ALTER GTMCOORD SLAVE gcs (SYNC_STATE='sync');
```

一 更新 gtmcoord extra 与 gtmcoord master 为异步关系：

```
ALTER GTMCOORD SLAVE gtms (SYNC_STATE='async');
```

一集群初始化前，更新 coordinator coord1 端口为 5532，数据路径为"/home/antdb/data/coord1"：

```
ALTER COORDINATOR master coord1 (PORT=5532,PATH='/home/antdb/data/
coord1');
```

一集群初始化前，更新 datanode master db1 主机为 localhost5，数据路径为"/home/antdb/data/db1"：

```
ALTER DATANODE MASTER db1 (HOST=localhost5,PATH='/home/antdb/data/
db1');
```

一更新 datanode slave db1 与主机 datanode master 为同步关系：

```
ALTER DATANODE SLAVE db1s (SYNC_STATE='sync');
```

—更新 datanode extra db1 与主机 datanode master 为异步关系：

```
ALTER DATANODE SLAVE db1s (SYNC_STATE='async');
```

3）remove node

命令功能：

在 node 表中修改节点的 initialized 和字段值为 false，并从 pgxc_node 表中删除 node，但在 mgr 的 node 表中保留信息。

注意：

目前只有 remove coordiantor 和 datanode slave、gtmcoord slave，且要求节点处于 not running 状态。

命令格式：

```
REMOVE  COORDINATOR MASTER node_name
REMOVE DATANODE SLAVE node_name
REMOVE GTMCOORD SLAVE node_name
```

命令举例：

— 从集群中删除 coordinator 节点：

```
remove coordinator master cd2;
```

— 从集群中删除 datanode slave 节点：

```
remove datanode slave db1_2;
```

—从集群中删除 gtmcoord slave 节点：

```
remove datanode slave gc2;
```

4）drop node

命令功能： 在 node 表中删除节点信息。具体功能可通过帮助命令"\h drop gtmcoord""\h drop coordinator""\h drop datanode"查看。

注意： 在集群初始化前，可以通过 drop node 删除节点信息，但是存在备机的情况下，不允许删除对应的主机节点信息；在集群初始化后，不允许 drop node 操作。

命令格式：

```
DROP GTMCOORD{MASTER|SLAVE}node_name
DROP COORDINATOR MASTER node_name[,...]
DROP DATANODE{MASTER|SLAVE}node_name[,...]
DROP ZONE zonename# 删除同一个 zone 的所有节点
```

命令举例：

—在集群初始化之前删除 datanode slave db1s：

```
DROP DATANODE SLAVE db1s;
```

—在集群初始化之前删除 coordinator coord1：

```
DROP COORDINATOR master coord1;
```

—在集群初始化之前删除 gtmcoord slave gc：

```
DROP GTMCOORD SLAVE gcs;
```

— 在集群初始化之前删除 gtmcoord master gc：

```
DROP GTMCOORD MASTER gc;
```

5）list node

命令功能：显示 node 表中节点信息。具体功能可通过帮助命令 "\h list node" 查看。

命令格式：

```
LIST NODE COORDINATOR[MASTER|SLAVE]
LIST NODE DATANODE[MASTER|SLAVE]
LIST NODEDATA  NODEMASTERnode_name
LIST NODE HOSThost_name[,...]
LIST NODE[(option)][node_name[,...]]
LIST NODE ZONEzonename
whereoptioncanbeoneof:
NAME
HOST
TYPE
MASTERNAME
PORT
SYNC_STATE
PATH
INITIALIZED
```

```
INCLUSTER
```

参数说明：

NAME：节点名称，对应 node 表 name 列。

HOST：主机名，与 host 表中主机名对应。

TYPE：节点类型，包含 GTMCOORD MASTER，GTMCOORD SLAVE，COORDINATOR MASTER，DATANODE MASTER，DATANODE SLAVE。

MASTERNAME：备机对应的主机名，非备机对应为空。

PORT：节点监听端口号。

SYNC_STATE：从节点与主节点的同异步关系。仅对从节点有效。值"sync"表示该从节点是同步从节点，"potential"表示该从节点是潜在同步从节点，"async"表示该从节点是异步从节点。

PATH：节点数据路径，需要保证该目录是空目录。

INITIALIZED：标识节点是否初始化。

INCLUSTER：标识节点是否在集群中。

命令举例：

—显示 node 表节点信息：

```
LIST NODE;
```

—显示节点名称为"db1"的节点信息：

```
LIST NODE db1;
```

—显示 db1_2 的 master/slave 节点信息：

```
list node datanode master db1_2;
```

—显示主机 localhost1 上的节点信息：

```
list node host localhost1;
```

5. param 表相关命令

param 表用于管理存放 AntDB 集群中所有节点的 postgresql.conf 文件中的参数，当某个参数被修改后，该参数就会被添加到 param 表中，用来标识。对于修改配置参数的查询，可以通过 list param 命令。

1）set param

命令功能：更改 postgresql.conf 节点配置文件中的参数，如果该参数有效，则系统内部会执行相关的操作，使更改生效，此操作只适用于那些不需要重启集群的参数类型（如 sighup、user、superuser），而对于修改其他类型的参数，则会给出相应的提示。如果在命令尾部加"force"，则不会检查参数的有效性，而强制写入文件中，系统不执行任何操作，只起到记录作用。

命令格式：

```
SET COORDINATOR[MASTER|SLAVE]ALL({parameter=value}[,...])[FORCE]
SET COORDINATOR{MASTER|SLAVE}node_name({parameter=value}[,...])
[FORCE]
SET DATANODE[MASTER|SLAVE]ALL({parameter=value}[,...])[FORCE]
SET DATANODE{MASTER|SLAVE}node_name({parameter=value}[,...])[FORCE]
SET GTMCOORDALL({parameter=value}[,...])[FORCE]
SET GTMCOORD{MASTER|SLAVE}node_name({parameter=value}[,...])[FORCE]
```

命令举例：

— 修改 coord1 上的死锁时间：

```
SET  COORDINATOR  MASTER coord1(deadlock_timeout = '1000ms');
```

— 修改所有 datanode 上的配置文件中 checkpoint_timeout 的参数：

```
SET  DATANODE  all(checkpoint_timeout = '1000s');
```

—修改所有 datanode 上的配置文件中一个不存在的参数：

```
SET  DATANODE  all(checkpoint = '10s') FORCE;
```

2）reset param

命令功能：把 postgresql.conf 文件中的参数变为默认值。

命令格式：

```
RESET COORDINATOR[MASTER|SLAVE]ALL(parameter[,...])[FORCE]
RESET COORDINATOR{MASTER|SLAVE}node_name(parameter[,...])[FORCE]
RESET DATANODE[MASTER|SLAVE]ALL(parameter[,...])[FORCE]
RESET DATANODE{MASTER|SLAVE}node_name(parameter[,...])[FORCE]
RESET GTMCOORDALL(parameter[,...])[FORCE]
RESET GTMCOORD{MASTER|SLAVE}node_name(parameter[,...])[FORCE]
```

命令举例：

—把 datanode master db1 的配置参数 checkpoint_timeout 变为默认值。其中查询结果中的"*"号是适配符，表示所有满足条件的节点名：

```
RESET  DATANODE  MASTER  db1 (checkpoint_timeout);
```

—把 datanode 中所有的配置参数 checkpoint_timeout 变为默认值：

```
RESET  DATANODE  all (checkpoint_timeout);
```

3）list param

命令功能： 查询节点的 postgresql.conf 配置文件中修改过的参数列表。

命令格式：

```
LIST PARAM
LIST PARAMnode_typenode_name[sub_like_string]
LIST PARAMcluster_typeALL[sub_like_string]

wherenode_typecanbeoneof:

GTMCOORDMASTER
GTMCOORDSLAVE
COORDINATORMASTER
COORDINATORSLAVE
DATANODEMASTER
DATANODESLAVE

wherecluster_typecanbeoneof:

GTMCOORD
COORDINATOR
DATANODE
DATANODEMASTER
DATANODESLAVE
```

命令举例：

—查询节点类型为 datanode master，节点名为 db1 的配置文件中修改后的参数；

```
LIST  PARAM  DATANODE  MASTER  db1;
```

—查询节点类型为 coordinator 的所有节点中配置文件中修改后的参数；

```
LIST PARAM  COORDINATOR  all;
```

4）show

命令功能：显示配置文件中的参数信息，支持模糊查询。

命令格式：

```
SHOW PARAM node_name parameter
```

命令举例：

——模糊查询节点 db1 的配置文件中有 wal 的参数；

```
SHOW PARAM db1  wal;
```

——查询节点 db1 的配置文件中 checkponit_timeout 参数的内容；

```
SHOW PARAM db1  checkpoint_timeout;
```

6. hba 表相关命令

hba 表用于管理存放 AntDB 集群中所有 coordiantor 节点的 pg_hba.conf 文件中的配置项，当配置项被添加后，就会记录到此表中，用来标识。对于添加过的配置项，可以通过"list hba"命令显示。

1）add hba

命令功能：添加新的 hba 配置到 coordinator 中。通过" \h add hba"命令获取帮助信息。

命令格式：

```
Syntax:
ADD HBAGTMCOORD{ALL|nodename}("hba_value")
ADD HBACOORDINATOR{ALL|nodename}("hba_value")
ADD HBA DATANODE{ALL|nodename}("hba_value")
wherehba_valuemustbethefollowing:
hostdatabaseuserIP-addressIP-maskauth-method
```

命令举例：

——在 coordinator 的 hba 中添加 10.0.0.0 IP 端的所有用户通过 md5 认证访问所有数据库的配置：

```
add hba coordinator all ("host all all 10.0.0.0 8 md5");
```

2）list hba

命令功能：显示通过 add hba 添加的配置项。

命令格式：

```
LIST HBA [ coord_name [,...] ]
```

命令举例：

```
antdb=#listhba;
nodename|hbavalue
----------+----------------------------
coord1|hostallall10.0.0.08md5
coord2|hostallall10.0.0.08md5
coord3|hostallall10.0.0.08md5
coord4|hostallall10.0.0.08md5
(4rows)
```

3）drop hba

命令功能：删除通过 add hba 添加的配置项。

命令格式：

```
Syntax:
DROP HBA GTMCOORD { ALL | nodename } ( "hba_value")
DROP HBA COORDINATOR { ALL | nodename } ( "hba_value")
DROP HBA DATANODE { ALL | nodename } ( "hba_value")

where hba_value must be the following:

    host database user IP-address IP-mask auth-method
```

命令举例：

— 在 coordinator 的 hba 中删除 10.0.0.0 IP 端的所有用户通过 md5 认证访问所有数据库的配置：

```
dropcoordinatorhbaall("host all all 10.0.0.0 8 trust");
```

4）show hba

命令功能：显示节点 pg_hba.conf 中的 hba 信息。

命令格式：

```
Description: show the content of the pg_hba.conf file
```

```
Syntax:
SHOW HBA { ALL | node_name }
```

命令举例：

— 显示节点 cn1 的 hba 信息；

```
showhbacn1;
nodetype|nodename|hbavalue
-------------+----------+-----------------------------------------
coordinator|cn1|localallalltrust+
||hostallall127.0.0.132trust+
||hostallall::1128trust+
||localreplicationalltrust+
||hostreplicationall127.0.0.132trust+
||hostreplicationall::1128trust+
||hostallall10.21.20.17532trust+
||hostallall10.21.20.17632trust+
||hostallall10.0.0.08trust+
```

与 list hba 不同的是，list 仅仅显示通过 add hba 添加的 hba 信息，而 show hba 显示具体节点中 pg_hba.conf 文件的内容。

7. 节点管理相关命令

对 AntDB 集群的节点管理主要包括启停、监控、初始化和清空等各种操作，对应的操作命令为 start、stop、monitor、init 和 clean 命令。下面对这些命令的功能和使用方法进行详细的解释。

1）init all

命令功能：

初始化整个 AntDB 集群。Adbmgr 不提供单个节点初始化的命令，只提供对整个集群进行初始化的命令。通过往 host 表、node 表中添加 AntDB 集群所需要的 host 表和 node 表信息，只需要执行 init all 命令即可初始化并启动整个集群。具体功能可通过帮助命令" \h init all"查看。如果用户要使用 rewind 功能，需要在"init all"命令后加上"data_checksums"。

命令格式：

```
INIT ALL
```

命令举例：

—配置 host 表和 node 表后，初始化整个集群：

```
INIT ALL;
```

2）monitor

命令功能：

查看 AntDB 集群中指定节点名字或者指定节点类型的运行状态。Monitor 命令的返回值共有三种：Running，指节点正在运行且接受新的连接； Not running，指节点不在运行； Server is alive but rejecting connections，指节点正在运行但是拒绝新的连接。 具体功能可通过帮助命令" \h monitor" 查看。

命令格式：

```
MONITOR[ALL]
MONITOR GTMCOORD[ALL]
MONITOR GTMCOORD{MASTER|SLAVE}[ALL|node_name]
MONITOR COORDINATOR{MASTER|SLAVE}[ALL|node_name[,...]]
MONITOR DATANODE[ALL]
MONITOR DATANODE{MASTER|SLAVE}[ALL|node_name[,...]]
MONITOR AGENT[ALL|host_name[,...]]
MONITOR HA
MONITOR HA[(option)][node_name[,...]]
MONITOR HAZONEzonename
MONITOR ZONEzonename
```

命令举例：

— 查看当前 AntDB 集群中所有节点的运行状态：

```
MONITOR ALL;
```

—查看当前 AntDB 集群中所有 coordinator 节点的运行状态：

```
MONITOR COORDINATOR ALL;
```

—查看当前 AntDB 集群中节点类型为 datanode master，节点名字为 db1 和 db2 的运行状态：

```
MONITOR DATANODE MASTER db1,db2;
```

— 查看 AntDB 集群 agent 状态：

```
MONITOR agent ;
```

—查看 AntDB 集群流复制状态：

```
MONITOR ha;
```

3）start

命令功能：

启动指定的节点名字的集群节点，或者启动指定节点类型的所有集群节点。具体功能可通过帮助命令"\h start"查看。

命令格式：

```
START ALL
START AGENT{ALL|host_name[,...]}[PASSWORDpasswd]
START GTMCOORD ALL
START GTMCOORD{MASTER|SLAVE}node_name
START COORDINATOR[MASTER|SLAVE]ALL
START COORDINATOR{MASTER|SLAVE}node_name[,...]
START DATANODE ALL
START DATANODE{MASTER|SLAVE}{ALL|node_name[,...]}
START ZONE zonename
```

命令举例：

—启动集群中所有节点：

```
START ALL;
```

— 启动 gtmcoord master 节点：

```
START GTMCOORD MASTER gc;
```

— 启动当前集群中节点类型为 datanode master、名字为 db1 和 db2 的节点：

```
START DATANODE MASTER db1,db2;
```

—启动集群主机上的 agent：

```
START AGENT all;
```

4）stop

命令功能：

stop 命令与 start 命令相反，停止指定名字的节点，或者停止指定节点类型的所有集群节点。 stop 命令如果没有指定 mode，默认使用 smart 模式。 stop

模式有三种：smart、fast 和 immediate。

● smart：拒绝新的连接，一直等旧连接执行结束。

● fast：拒绝新的连接，断开旧的连接，是比较安全的停止节点的模式。

● immediate：所有数据库连接被中断，用于紧急情况下停止节点。

具体功能可通过帮助命令 "\h stop" 查看。

命令格式：

```
STOP ALL[stop_mode]
STOP AGENT{ALL|host_name[,...]}
STOP COORDINATOR[MASTER|SLAVE]ALL[stop_mode]
STOP COORDINATOR{MASTER|SLAVE}{node_name[,...]}[stop_mode]
STOP DATANODE ALL[stop_mode]
STOP DATANODE{MASTER|SLAVE}{ALL|node_name[,...]}[stop_mode]
STOP GTMCOORD ALL[stop_mode]
STOP GTMCOORD{MASTER|SLAVE}node_name[stop_mode]
STOP ZONEzonename[stop_mode]
wherestop_modecanbeoneof:

MODESMART|MODES
MODEFAST|MODEF
MODEIMMEDIATE|MODEI
```

命令举例：

— 使用 fast 模式停止集群中所有节点：

```
STOP ALL MODE FAST;
```

—使用 immediate 模式停止所有 coordinator 节点：

```
STOP COORDINATOR ALL MODE IMMEDIATE;
```

—使用 smart 模式停止当前集群中节点类型为 datanode master、名字为 db1 和 db2 的节点：

```
STOP DATANODE MASTER db1,db2;
```

或者：

```
STOP DATANODE MASTER db1,db2 MODE SMART;
```

— 停止集群主机上的 agent：

```
STOP AGENT all;
```

5）append

命令功能：

append 命令用于向 AntDB 集群中追加集群节点，用于集群扩容。Gtmcoord master 是 AntDB 集群的核心，append 命令不包括追加 gtmcoord master 命令。执行 append 命令前需要执行下面操作步骤（假设 append coordinator 到一台新机器上）：

（1）把这台新机器的 host 信息添加到 host 表中。

（2）把要追加的 coordinator 信息添加到 node 表中。

（3）在新机器上创建用户及密码。

（4）执行 deploy 命令把集群可执行文件分发到新机器上。

（5）在新机器上修改当前用户下隐藏文件 .bashrc，追加如下内容并执行 "source ~/.bashrc" 使其生效：

```
export ADBHOME=/opt/antdb/app （以实际情况修改）
export PATH=$ADBHOME/bin:$PATH
export LD_LIBRARY_PATH=$ADBHOME/lib:$LD_LIBRARY_PATH
```

（6）执行 start agent，启动新机器上的 agent 进程。

（7）执行 append 命令。具体功能可通过帮助命令 "\h append" 查看。

命令格式：

```
APPEND GTMCOORDSLAVEnode_name
APPEND DATANODE{MASTER|SLAVE}node_name
APPEND COORDINATOR MASTERnode_name
```

—利用流复制功能加快 append coordinator：

```
APPENDCOORDINATORdest_coordinator_nameFORsource_coordinator_name
APPENDACTIVECOORDINATORnode_name
```

命令举例：

—往 AntDB 集群中追加一个名为 coord4 的 coordinator 节点：

```
APPEND COORDINATOR master coord4;
```

—往 AntDB 集群中追加一个名为 db4 的 datanode master 节点：

```
APPEND DATANODE MASTER db4;
```

— 为 AntDB 集群中追加一个名为 db4 的 datanode slave 节点：

```
APPEND DATANODE SLAVE db4;
```

— 利用流复制功能往 AntDB 集群中追加 coordinator master 节点：

```
APPEND COORDINATOR coord5 FOR coord1;
APPEND ACTIVATE COORDINATOR coord5;
```

6）failover

命令功能：

当集群中的 gtmcoord/datanode master 主节点出现问题的时候，可以通过此命令把备节点主机切换过来，保证集群的稳定性。

在主机存在问题等情况下，为保障服务的可持续性，可以通过 failover 命令将备机升为主机。具体功能可通过帮助命令" \h failover gtmcoord "" \h failover datanode "查看。

注意： failover 命令不加"FORCE"则只允许备机为同步备机且运行正常才能升为 master，否则报错；Failover 命令加"FORCE"备机运行正常即可升为 master。

failover 命令通过节点信息验证 sync_state 列的值，选择其中的同步备机升为 master，如无同步备机，使用 force 选项，则会选择 xlog 位置离 master 最近的异步备机提升为主机。

如果通过加"force"命令强制将异步备机升为主机，可能存在数据丢失风险。

命令格式：

```
FAILOVER GTMCOORD node_name[FORCE]
FAILOVER DATANODE node_name[FORCE]
```

参数说明：

node_name：节点名称，对应 node 表 name 列。

命令举例：

— 将 gtmcoord master 的同步备机升为主机：

```
FAILOVER GTMCOORD  gc_1;
```

— 将运行正常的异步备机 gc_1 强制升为主机：

```
FAILOVER GTMCOORD gc_1 FORCE;
```

— 将 datanode master db1 的同步备机升为主机：

```
FAILOVER DATANODE db1;
```

—将运行正常的异步备机强制升为主机：

```
FAILOVER DATANODE  db1 FORCE;
```

7）switchover

命令功能：

主备机之间做切换，原来的备机升为主机，原来的主机降为备机，备机和新主机重新建立数据复制关系，连接到新的主机上。切换的时候会检测主备机之间的 xlog 位置是否一致，如果一致，则进行切换；不一致，则不进行切换。如果需要进行强制切换；则需要添加"force"关键字。

如果通过加"force"命令强制进行主备切换，可能存在数据丢失风险。

命令格式：

```
Command:    SWITCHOVER DATANODE
Description:datanode master,datanode slave switchover,the original
master changes to slave and the original slave changes to master
    Syntax:
SWITCHOVER DATANODE SLAVE datanode_name

Command:    SWITCHOVER GTMCOORD
Description:gtmcoord master,gtmcoord slave switchover,the original
master changes to slave and the original slave changes to master
    Syntax:
SWITCHOVER GTMCOORD SLAVE gtmcoord_name
```

命令举例：

— datanode master db1_1 与 slave db1_2 交换角色：

```
switchover datanode slave db1_2;
```

—datanode master db1_2 与 slave db1_1：

```
switchover datanode slave db1_1 force;
```

8）clean

命令功能：

clean 命令用于清空 AntDB 集群中节点数据目录下的所有数据。执行此命令的前提是所有节点都处在 stop 状态。执行 clean 命令不会有交互，所以如果需要保留数据，请慎重执行这个命令。现只支持 clean all 命令。 具体功能可通过帮助命令"\h clean"查看。

命令格式：

```
CLEAN ALL
CLEAN COORDINATOR { MASTER | SLAVE } { node_name [ ,... ] }
CLEAN DATANODE { MASTER | SLAVE } { node_name [ ,... ] }
CLEAN GTMCOORD { MASTER | SLAVE } node_name
CLEAN MONITOR number_days
CLEAN ZONE zonename
```

命令举例：

—清空 AntDB 集群中所有节点数据目录下的内容（ADB 集群处在 stop 状态）：

```
CLEANALL;
```

—清空 coordinator 节点数据目录：

```
CLEANCOORDINATORMASTERcoord1;
```

—清空 15 天前的 monitor 数据：

```
CLEANMONITOR15;
```

9）deploy

命令功能：

deploy 命令用于把 Adbmgr 所在机器编译的 AntDB 集群的可执行文件向指定主机的指定目录上分发。常用于在刚开始部署 AntDB 集群或者 AntDB 集群源码有改动，需要重新编译时。 具体功能可通过帮助命令" \h deploy"查看。

命令格式：

```
DEPLOY { ALL | host_name [,...] } [ PASSWORD passwd ]
```

命令举例：

— 把可执行文件分发到所有主机上（host 表上所有主机），主机之间没有配置互信，密码都是"ls86SDf79"：

```
DEPLOY ALL PASSWORD 'ls86SDf79';
```

—把可执行文件分发到所有主机上（host 表上所有主机），主机之间已经配置互信：

```
DEPLOY ALL;
```

— 把可执行文件分发到 host1 和 host2 主机上，两主机都没有配置互信，密码都是"ls86SDf79"：

```
DEPLOY host1,host2 PASSWORD 'ls86SDf79';
```

—把可执行文件分发到 host1 和 host2 主机上，两主机都已经配置互信：

```
DEPLOY host1,host2;
```

10）adbmgr promote

命令功能：

在 node 表中更改指定名称的节点对应的状态为 master，删除该节点对应的 master 信息；同时在 param 表中更新该节点对应的参数信息。该命令主要用在执行 failover 出错，后续分步处理中。具体功能可通过帮助命令"\h adbmgr promote"查看。

命令格式：

```
ADBMGR PROMOTE { GTMCOORD | DATANODE } SLAVE node_name
```

命令举例：

— 更新 Adbmgr 端 node 表及 param 表中 datanode slave datanode1 状态为 master：

```
ADBMGR PROMOTE DATANODE SLAVE datanode1;
```

11）promote

命令功能：

对节点执行 promote 操作，将备机的只读状态更改为读写状态，通过

SELECT PG_IS_IN_RECOVERY() 查看为 f 结果。该命令主要用在执行 failover 出错，后续分步处理中。具体功能可通过帮助命令"\h promote gtmcoord""\h promote datanode"查看。

命令格式：

```
PROMOTE DATANODE { MASTER | SLAVE } { node_name }
PROMOTE GTMCOORD { MASTER | SLAVE } { node_name }
```

命令举例：

— 将 datanode slave datanode1 提升为读写状态：

```
PROMOTE DATANODE SLAVE datanode1;
```

—将 gtmcoord slave gc1 提升为读写状态：

```
PROMOTE GTMCOORD SLAVE gc1;
```

12）rewind

命令功能：

对 gtmcoord 或者 datanode 备机执行 rewind 操作，使其重建备机与主机的对应关系。

命令格式：

```
REWIND DATANODE SLAVE { node_name }
REWIND GTMCOORD SLAVE { node_name }
```

命令举例：

—重建备机 datanode slave datanode1 与 master 的关系：

```
REWIND DATANODE SLAVE datanode1;
```

—重建备机 gtmcoord slave gc1 与 master 的关系：

```
REWIND GTMCOORD SLAVE gc1;
```

13）zone

命令功能：

zone init 初始化副中心的节点，执行此命令的前提是主中心的所有节点都已经 init。

zone switchover 用于主备中心切换，即副中心升级为主中心，节点升级为 master 节点，主中心的节点降为备中心节点，用户主备中心临时切换的场景，后面还可以切换回来。

zone failover 备中心升级为主中心，原主中心节点则不再工作。用于主中心宕机且不可恢复，副中心需要代替主中心工作的场景。

命令格式：

```
ZONE INIT zone_name
```

＃初始化副中心的所有节点

```
ZONE SWITCHOVER zonename [FORCE] [maxTrys]    # 主备中心互换
ZONE FAILOVER zonename [ FORCE ]              # 备中心升级为主中心
```

命令功能：

```
zone init zone2;
zone switchover zone2 force 30;
zone failover zone2;
```

3.9 AntDB 运维管理控制台介绍

3.9.1 AntDB管理控制台产品定位

随着 AntDB 产品逐渐成熟迭代，传统的基于命令行的管理维护方式，在客户现场已经逐渐显露不足，不能直观地进行集群的维护、管理，并进行性能诊断监控。同时，公司数据库一体机也在研发过程中，在一体机中，也迫切需要一个完整统一的管理维护接口。

传统的字符界面管理，存在着如下不足：

● 操作不直观：传统的基于MGR的字符部署与维护方式，操作不够直观，需要维护人员熟悉相关的操作命令，且需要首先登录后台数据库，若客户环境安全性较为严格，这些操作会变得极为烦琐，甚至无法进行。

● 监控命令单一：只提供了基于MGR的部分监控接口，包括集群节点监控、HA同步状态监控，数据库层面无其他监控，主机层面监控也存在缺失。在遇到性能问题或故障时，只能依靠维护人员自身的经验与积累的命令，手动进行问题排查，操作烦琐，问题定位排查耗时长，体验较差。

● 无统一管理接口：在一体机研发过程中，AntDB层面缺失必要的统一管理接口，可能会影响到一体机整体的发布与交付。

随着国产化与信息一体化的趋势渐成，分布式数据库逐渐流行。目前国内分布式数据库皆处于起步阶段，不仅需要在数据库核心功能加大研发，更快地更新迭代，也迫切需要合理易用地统一管理、维护与监控平台，来降低分布式数据库的使用成本，加快分布式数据库的推广。同时，考虑到分布式数据库目前还存在专业人员紧缺的问题，针对一些复杂问题与 SQL 的分析，也需要尽可能地采用自动化的方式完成，减少维护人员的工作量与工作复杂度。基于目前的这些局面，智能运维产品的启动也就顺理而行。

3.9.2 AntDB运维管理控制台系统架构

管理控制台开发过程中主要涉及五个开发模块，包括前端 UI、后端业务流程、AntDB MGR、AntDB Core、AntDB Agent 五个大的功能模块，如图 3-30 所示。

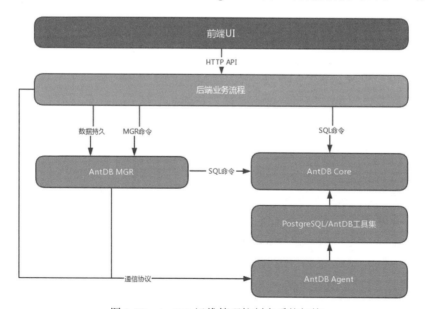

图 3-30 AntDB 运维管理控制台系统架构

3.9.3　AntDB运维管理控制台功能介绍

运维管理控制台是一个基于智能化和自动化方式实现数据库自监控、自修复、自优化、自管理的运维平台，帮助用户消除数据库管理的复杂性及人工操作引发的服务故障，有效保障数据库服务的稳定、安全及高效。主要功能如下：

- 集群监控：集群监控是指对集群的节点运行状态、节点主从关系、节点分布、节点同步方式、主备延时、TPS、QPS、连接数等的可视化监控；使用户能够直观地了解集群的当前状态，及时发现隐藏的问题。

- 数据库监控：数据库监控是指对数据库的连接数、缓存命中率、行变更数、临时文件数、实时会话、锁信息、TOPSQL、空间、对象等的可视化监控；实时地展示当前数据库的使用情况。

- 主机监控：主机监控是指对主机的CPU、内存、网络、磁盘、运行状态的可视化监控；实时地展示当前主机的使用情况。

- 告警监控：告警监控是由定时任务定时采集主机和数据库的节点运行状态、长事物、锁数量、内存、网络、磁盘等监控项的指标；超过告警阈值则会通过界面、邮件或短信的方式通知用户及时处理。

- 在线扩容：在线扩容是指用户可以在线不停业务的情况下对集群进行增加主机及节点，同时支持批量增加计算节点和数据节点及复制源节点的方式进行扩容。

- 集群部署：集群部署支持用户通过界面可视化的方式对集群节点进行启动、停止、修改、清除数据、初始化、新增、删除操作；以及对主机进行新增、修改、删除、启动、停止、部署操作。方便用户对集群的管理。

- 故障切换：当集群主节点出现故障不可用时，为了及时保障集群的可用性可以通过switchover或failover方式手动切换主备节点，使业务不中断持续可用。

- 故障自愈：在集群出现故障的情况下，如果人为排除问题，不但需要专业的知识，而且耗时耗力，集群自愈功能开启后能够自动发现故障，自动修复故障，对提高集群高可用性、降低运维复杂度发挥了很大的作用。

● 数据迁移：该功能支持将Oracle数据库中的表、索引、序列、视图、存储过程等对象可视化地迁移到AntDB数据库，同时可以监控迁移过程的进度和问题。

● 数据备份：该功能通过界面集中管理备份任务，设置定时任务实现集群或单机的全量基础备份、增量备份及集群一致性备份，同时支持单次手工执行备份任务。通过界面化的操作使得备份工作变得容易，防止出错，大大降低了RPO/RTO。

第4章 AntDB 分布式内存数据库

4.1 AntDB 分布式内存数据库架构

AntDB 分布式内存数据库的架构基于标准的 Shared-nothing 设计，包括驱动组件，管理节点和数据分片三部分。其中每个数据分片可以包含多个副本，每个副本都具备独立的 SQL 引擎与存储引擎。如图 4-1 所示是一个标准 AntDB 分布式内存库集群的示例架构图。

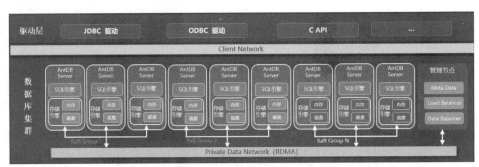

图 4-1　AntDB 整体架构图

分布式集群中每个数据节点可以包含多个数据副本，通常部署不少于 3 个副本，以满足 Raft 算法的选主要求。示例中的架构包含了 3 个数据分片，每个分片有 3 个副本，一主两从。其中每个数据副本都是一个计算和数据节点，与集群内其他节点互联，并独立完成外部请求的处理。在示例图中简化了管理节点，通常在正式部署过程中，管理节点自身也是一个集群，包含多个数据副本，以确保管理节点自身的高可用。

驱动组件部分，对标准的 JDBC、ODBC 驱动进行了优化，加入了连接重定向能力，由管理节点负责分配连接至哪个数据分片，驱动层根据系统元数据将连接定向至被分配的数据分片，这一过程对应用无感。概括起来，驱动层根据管理节点指示的连接信息进行数据分片的连接，在遇到连接异常的情况下，可以通过重定向能力重新连接到新的数据分片。如图 4-2 所示将这一过程进行了展示。

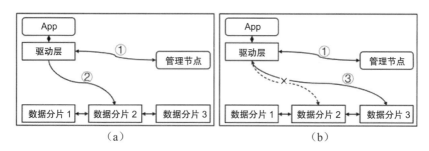

图 4-2　驱动连接示意图

如图 4-2（a）所示，当 App 发起数据库连接时，驱动第一步询问管理节点，管理节点根据集群负载情况分配数据分片 2，第二步驱动层根据所分配的联系信息进行连接。

如图 4-2（b）所示，当 App 与分片 2 的连接因某种原因断开时，驱动层通过心跳响应可以迅速获知并立即向管理节点发起重定向请求，管理节点根据集群负载情况重新分配分片，驱动层获取新分片信息并进行连接。整个重定向时间可以控制在秒级。

管理节点，从上述场景可以看出，管理节点不同于传统通过中间件、代理等手段实现的分布式。管理节点主要功能为：

● 存储集群的主机信息，对外提供新增、删除、下线机器功能（udf实现），管理节点向集群所有数据分片及其副本发送心跳包以确定数据分片属性，如分片数量、副本主从等。

● 维护整个集群的分片信息，集群的迁移、扩展、缩容都由管理节点发起。

● 维护集群各数据分片上报的统计信息，决策分配方案。

● DDL语句的分发，当数据分片收到DDL语句时会上报给管理节点，通过管理节点将请求分发给整个集群。

● 维护与收集整个集群的基础数据，包括各机器数据量、总的分片情况等。

数据分片，每个数据分片可以设置多个副本，副本之间通过 Raft 协议保障高可用强一致性。在部分环节进行了精细优化，比如无锁任务队列、log 的批量提交和执行及一些逻辑原地执行等，从而保证了日志复制的高性能。数据分片规则可支持 Hash 与 Range 两种算法类型，规则设定后由管理节点进行控制，应用层对此无感。通过 Raft 协议保证分布式强一致性。

服务节点，Active-Active 架构，每个服务节点包含独立的 SQL 引擎，可同时对外提供数据库接入服务。

RDMA，AntDB 分布式内存库集群内部可配置使用 RDMA 的通信模式。主从事务 binlog 日志复制、主从选举、心跳、跨节点数据访问，管理中心节点和数据节点之间心跳、数据下发、数据上报等通信全部采用 RDMA 的方式通信，利用 RDMA 的零拷贝（Zero-copy）、内核旁路（Kernel bypass）、无 CPU 干预（No CPU involvement）等优势，使用更高带宽、更低时延的网络来进一步提升分布式内存数据库性能。

4.2　存储引擎介绍

4.2.1　分层存储

分层存储可以概括为将数据分为高频访问的热数据和低频访问的冷数据，并分别存储在热数据层和冷数据层，以达到性能与成本的平衡。典型的交易系统中除了高频访问的资料数据、资产数据外，在交易过程中会产生大量的带时间戳的日志型记录，如交易流水数据、运行日志数据等，随着系统在网时间越长，这类日志型记录会越来越多，最终整个系统的冗余数据变得异常庞大。这种情况在磁盘库上可能问题不太明显，但是在全内存态运行的数据库中就显得尤为棘手，毕竟内存的成本是相对高昂的，用内存去存储这类冗余数据显得不划算。

如图 4-3 所示为在一个典型交易系统中的冷热数据分类情况。

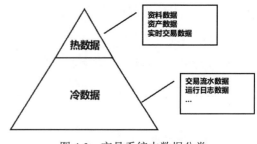

图 4-3　交易系统中数据分类

进一步分析这类数据的用途可以发现，这类数据往往不参与交易系统核心交易过程，更多是作为事后分析、排查问题的数据依据。对这些数据的访问在时效性、吞吐量等指标方面并没有太高的要求，因此从交易系统角度看，将这类数据转移到低端存储上是完全可以接受的。这就需要内存数据库可以支持在多种存储介质上对数据进行迁移，并且这个过程必须是无感的、自动完成的，以免对应用层造成影响。

AntDB 分布式内存数据库支持以下两种存储结构：

● 内存。

● 磁盘。

内存包括通用的 DDR 内存，以及近年涌现的 PMEM 持久内存。相比 DDR 内存，PMEM 持久内存适用于要求高性能的缓存业务，与全内存运行相比在牺牲一定响应时间的同时，可以获得更高的性价比。如图 4-4 所示为通过实际测试得到数据。

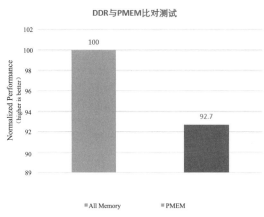

图 4-4　DDR 与 PMEM 性能测试对比

图 4-4 所示为 DDR 与 PMEM 性能测试对比，在实现室环境下相同硬件测试平台上，采用持久内存的平台整体性能可以达到全内存平台的 92.7%。

磁盘存储，包括传统机械硬盘、磁带以及近年开始逐渐成为主流的 SSD 固态硬盘。在服务器平台下，磁盘存储往往以阵列模式部署，自身具备一定的数据容灾能力。

AntDB 分布式内存数据库可以通过建表语句指定表单数据的存储介质，目前支持的枚举包括 "HOT" 和 "COLD" 两种，从业务视角区分数据的冷、热程度以及存储方式。以交易类系统为例，在实际使用过程中，可以将与实时交易过程紧密相关的资料数据、资产数据相关表设定为"HOT"，这部分数据常驻内存，提供极高的访问速率与极低的时延，而针对庞大的运行日志数据则设定为"COLD"，这部分数据存储到廉价的磁盘整列，既不影响数据的访问，又可以提供整体数据库建设方案的性价比。

切换策略的设定。AntDB 分布式内存数据库在支持多种存储引擎的同时，可以支持表单级的跨存储切换。交易类流水数据在业务上有一个渐冷的过程，例如近期的交易流水查询率较高，不能直接归入冷数据，但超过一定时间的交易流水几乎只有审查的作用，对实时交易过程并没有太多作用。针对这一类场景 AntDB 分布式内存数据库可以指定"表单 + 条件"的切换策略，如 trans_yyyymmdd 类的交易流水表，以时间轴为条件，定期进行存储的切换。这个过程是自动化的，无须人工干预。

4.2.2　持久化

AntDB 分布式内存数据库支持全内存态的运行模式，将热数据常驻内存。但内存存在易失性的特点，需要一种机制去保障这部分数据的高可以用。通常在实际使用过程中会配置多个数据副本来保障数据分片的高可用。同时 AntDB 分布式内存数据库提供一种 CP（Check Point）方案，将当前内存中的数据持久化到磁盘，形成以时间轴为连接线的基数文件备份体系，使用者可以选取时间轴上任意点的备份文件进行数据恢复。

为了更好地理解 AntDB 分布式内存数据库的 CP 过程，首先了解一下几个基本概念：

- 事务号：事务提交的事务号，在事务提交时会为事务分配一个事务号，并保证事务号严格递增，不会出现空洞。合法的事务号从1开始。每个CP都有对应的最后事务号，每次CP成功后，当前事务号之前的事务日志可以进行清理。CP要求落下来的文件事务是完整的，包含且只包含到当前事务号之前（包含当前事务号）所有的数据。既不能包含某些事务的部分更新，也不能缺少小于当前事务的数据。

- CP文件包含的内容：表列表、事务号和所有表的数据。对于单张表，包含表的元数据（表空间信息、字段、索引和溢出页信息）和表数据。表数据是按照块存放的，一张表有多个块，块个数可扩展。每个块有固定个数的行，每个行都有唯一的编号，称为oid，oid从1开始。与oid一些相关的操作，包括备机复制恢复、CP文件恢复和binlog恢复，oid都不会改变，因此在记录CP文件时也会保证恢复后oid不会发生变化。

● 溢出页（overflow）：对于超大字段，比如varchar等，超出255后，就不再与普通的字段放在一起，而是另外存储，对于某一行上的某个超大字段，在行上存储rowid，通过rowid可以在溢出页中找到对应的数据。而溢出页上的数据，每个内存都是固定大小，上面存储了下一条的rowid，通过链表的方式将一个字段的值串起来。溢出页中的rowid与表空间中的rowid不同，溢出页只关心数据是否正确，并不保证在备机恢复或者从CP文件恢复后的rowid与恢复前相同，只要求数据内容一致。所以CP的方案中，针对溢出页，主要考虑数据是否能够恢复一致。

CP 状态标识分两个阶段：

（1）将表数据写入文件中，这个阶段称为 dump。

（2）将写表数据过程中产生的操作对应的数据，回写到文件中，这个阶段称为 restore。

根据 CP 的这两个阶段，CP 有三个标识如表 4-1 所示。

表 4-1　CP 标识

标识	状态说明
OUT_CHECH_POINT_FLAG	nump 结束，restore 阶段
IN_CHECH_POINT_FLAG	nump 阶段
END_CHECK_POINT_FLAG	CP 结束或还未开始

如图 4-5 所示为 AntDB 分布式数据库一个完整的 CP 的整体过程。

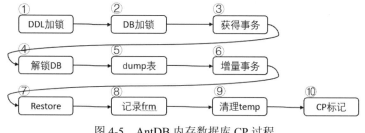

图 4-5　AntDB 内存数据库 CP 过程

（1）加 DDL 锁。CP 操作过程中，不允许对表做增删字段等修改表结构的动作，加 DDL 锁可以防止 DDL 操作，也不会创建新表和删除表。同时为了减少 DDL 锁持有时间，在拿到 DDL 锁后，将当前所有的表加上读锁，记录当前表列表，然后释放 DDL 锁。后续针对记录的列表来进行操作。

（2）加 DB 锁（lock_db）。DB 锁主要是与事务做排他操作，可以保证在 DB 锁加锁后，没有事务正在提交或回滚。持有 DB 锁之后，记录当前的事务号，作为 CP 的事务号。在事务提交或回滚时都要加事务锁，事务锁之间是可以并发的，而与 DB 锁是互斥的。

（3）获取正在进行的事务列表。在加上 DB 锁后，还有一部分事务正在进行，为了保证 CP 文件中的数据是事务完整的，需要记录正在进行的事务，提取它们的 undo 数据，回写到 CP 文件中。此时设置了 AntDB 分布式内存数据库的 CP 标识为 IN_CHECK_POINT_FLAG。

（4）解锁 DB 锁。解锁 DB 锁后，事务可以正常提交或回滚，提交或回滚时，会记录当前事务执行过的操作，然后记录 restore 信息，在 restore 阶段将数据回写到 CP 文件中。

（5）dump 表数据。一个表对应一个线程，将表写入磁盘中。在这个过程中，所有事务执行的修改操作，都会记录 restore 信息。

（6）等待之前记录的所有事务结束。在表数据全部落地之后，设置 AntDB 分布式内存数据库的 CP 标识为 OUT_CHECK_POINT_FLAG，然后等待之前加 DB 锁时获取的事务都提交或回滚。在这些事务提交或回滚时，按照需要将它们的 undo 数据覆盖到 restore 信息上。

（7）restore。将之前所有的 restore 信息回写到 CP 文件中，对于表空间来说，restore 中记录了 oid。根据 oid 可以计算出这一行在 CP 文件中的偏移量，然后将行数据写入 CP 文件中。对于溢出页来说，通过 rowid，计算在 CP 中的偏移量，重写 CP 文件。

（8）记录 frm 文件。frm 文件是记录表元数据的方式。当 AntDB 分布式数据库恢复时，将之前对应事务号的 frm 恢复到对应目录（表所在的库都会有独立的文件夹），让重新加载。CP 记录 frm 文件时，文件名以 'db-table.frm.trx_id' 格式命名。

（9）删除临时文件。在 dump 文件和 restore 过程中操作的文件，都是以

".tmp"作为后缀的临时文件，这时将这些文件都删除。

（10）记录 antdbinfo.txt。antdbinfo.txt 文件记录了 CP 事务号、当前 CP 对应的表列表。在 AntDB 分布式内存数据库通过 CP 恢复时，加载 antdbinfo.txt，读取事务号和表列表，再根据表列表和事务号信息获取需要加载的表和表对应的文件。antdbinfo.txt 文件有两个，一个带事务号，一个不带事务号，它们一个是另一个的硬链接。

结束，设置 AntDB 分布式数据库的 CP 标识为 END_CHECK_POINT_FLAG。

在 CP 过程中，加 DB 锁之后，会记录当前未完成的事务，这些事务的部分 undo 数据需要覆盖掉 restore 信息。按照下面原则："CP 数据包含且只包含当前事务号和当前事务号之前的所有事务修改记录"。CP 开始时未提交的事务包含的操作应该排除在外，所以要将未提交事务修改过的数据对应的 undo（并且这些修改是在 CP 开始之前）覆盖掉 restore。之所以不能把所有 undo 数据都覆盖掉 restore，是因为未提交事务中的 undo 可能记录的是在 CP 开始后事务的修改。在 CP 开始后的修改，本来也有对应的 restore 数据，所以不使用 undo 不会影响正确性，undo 数据覆盖示意图如图 4-6 所示。

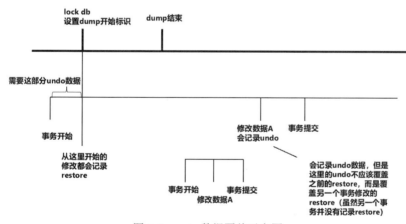

图 4-6　undo 数据覆盖示意图

4.2.3　索引优化

事务的并发问题可以通过两阶段封锁协议或者多版本并发控制等方法解决，这类方法也同样适用于索引的并发访问控制。但是由于索引访问更加频繁，更容易触达性能瓶颈，导致低并发度。对事务而言，对一个索引查找两次，并在查找期间发现索引结构发生变化，这是完全可以接受的，只要索引查找返回正确的元组集。因此，只要维护索引的准确性，对索引进行非可串行化并发存取是可接受的。

AntDB 分布式内存数据库为了避免在获取另一个节点的锁的时候还占有当前节点的锁，对 B+ 树进行改进，在每个 B+ 树节点，包括叶子节点和内部节点都维护一个指向右兄弟节点的指针（link pointer），这个指针的作用是，当一个节点正在分裂时可以在查到该节点的同时查找到其兄弟节点。在节点内部增加一个字段 high key，在查询时如果目标值超过该节点的 high key，就需要循着 link pointer 继续往后继节点查找。

AntDB 分布式内存数据库的封锁协议过程如下：

（1）查找。 B+ 树的每个节点在访问之前必须加共享锁，非叶子节点的锁应该在对其子节点申请共享锁之前被释放。如果节点分裂与查找同时发生，所希望的记录可能不再位于查找过程中所访问的某个节点内。在这种情况下，记录在由一个右兄弟节点表示的范围内，这是由系统循着指向右兄弟节点的指针而找到的。不过，系统封锁叶节点遵循两阶段封锁协议，以避免幻读。

（2）插入与删除。系统遵循查找规则，定位要进行插入或删除的叶节点。该节点的共享锁升级为排他锁，然后进行插入或删除。受插入或删除影响的叶节点封锁遵循两阶段封锁协议以避免幻读。

（3）分裂。 如果事务使一个节点分裂，则创建新节点，并作为原始结点的右兄弟节点。设置原始节点与新产生节点的右兄弟指针，接着，事务释放原始节点的排他锁，假设它是一个内节点，叶节点以两阶段形式加锁，然后，发出对父节点加排他锁的请求，以便插入指向新节点的指针。

（4）合并。 执行删除后，如果一个节点的记录太少，则必须对要与之合并的那个节点加排他锁。一旦这两个节点合并，则发出对父节点加排他锁的请求，以便删除需要删除的节点，此时，事务释放合并节点的锁，该过程与查询操作相反，封锁从下向上传播。除非父节点也需再合并，不然释放其锁。

（5）插入与删除操作可能封锁一个节点，释放该节点，然后对它重新封锁。分裂或合并节点会加排他锁，此外，与分裂或合并操作并发执行的查找可能发现要查找的记录被分裂或合并操作移到右兄弟节点，但这并不影响查询操作，因为查询操作会同时查找该节点的右兄弟节点。

（6）当每个节点增加两个额外字段，link pointer 和 high key，在查询时需要额外判断，如果查询时超过 high key，需要额外通过 link pointer 查询其后继节点，可能会产生一次额外的 I/O，从而造成单次查找性能的下降，但由于树结构调整是一个频率较低的动作，而且查询后继节点的操作也只会发生在子节点调整和父节点调整过程之间，一旦父节点调整完毕，就可以通过父节点的指针直接查询而无须再通过子节点的后继指针查找。通过以空间换时间的设计，通过在每个中间节点增加后继指针来避免在树结构调整时全局加锁而带来的整体性能衰退。

4.3　AntDB 分布式内存数据库适用的场景

AntDB 分布式内存数据库一直致力于高效地处理和存储业务事务并立即使其能够以一致的方式供客户端应用程序使用，强调数据库内存效率，内存各种指标的命令率，绑定变量，并发操作，并非非常适合用于处理大量数据的聚合。

典型的适用场景包括在线交易类场景，或者说联机交易类场景，诸如电信行业的话单流计费业务、金融行业的联机交易类业务以及证券行业的实时交易类业务，这些业务的特征都是大吞吐、时效性敏感，数据库操作集中在点查类等。AntDB 分布式内存数据库可以很好地适配这类业务场景。

第 **5** 章 AntDB 数据库实践案例介绍

通过前面的介绍，AntDB 数据库的特性和优点已经为各位读者悉数展现，正是凭借这些优秀的功能和强悍的性能，亚信数据库才一步一步扩大了自己的用户群体。

目前，AntDB 数据库已经在电信、金融、高速、邮政、政府等多个行业落地应用，客户数量超过 50 家，承载数据量超过 300TB，间接服务的终端用户数量超过 2 亿。

本章将通过案例，让读者进一步熟悉 AntDB 数据库。精选的案例覆盖不同的行业、不同的应用系统。

5.1 某省核心营业库案例

2020 年 11 月 19 日，某省完成核心的交易型数据库（营业库）软硬件自主可控改造，将单地市业务全部迁移至 AntDB 数据库及华为鲲鹏服务器。在自主可控难度最大的数据库方面完成重大突破，完成行业首例核心交易库软件全自主可控。

与国外成熟稳定的商业数据库相比，自主可控数据库在性能、稳定性、生态等方面仍存在一定差距，因此运营商核心库的自主可控替换必然不是简单的以库换库，而是需要用一种新体系替换旧体系，在架构、研发、上线、运维等方面全面降低对特定数据库的依赖。基于长期锻造的成熟的云原生架构能力，及在自主可控方面的充分积累，在集团公司指导下，该省公司于 2020 年年初矢志攻克自主可控实施难度最大、业务影响最大、业务复杂性最高的营业库自主可控难题。

本次营业库自主可控实现了三大突破，为整个行业更全面的数据库自主可控演进完成了相应技术探索和储备。一是探索出自主可控的数据库架构，通过研发微库架构，在架构层面消除应用对特定数据库的依赖。二是实现了数据库软硬件全自主可控，验证了 AntDB 数据库及华为鲲鹏服务器的组合方案可以在运营商核心的交易场景中替代国外商业解决方案。三是探索出基于灰度发布能力的数据库割接方案，实现不停服、零故障的数据库割接，将更换核心库的业务影响降至最低。

本次数据库割接于白天完成全部应用发布、数据割接及相应的回归测试等主体工作，当晚 23:00 开始对单地市部分服务进行降级，并进行数据校准及测试，其间充值等核心业务不受任何影响，于 1:30 进行割接决策，3:00 业务全面恢复。整个割接过程不停服，次日实现零故障。和传统的同类割接相比，本次割接业务影响降低 99.99% 以上。

本次营业库国产化替代项目是国内运营商乃至全行业以"国产数据库（AntDB）+国产服务器（ARM）"取代国外成熟商业数据库和硬件设备的一次实践，也是分布式数据库产品 AntDB 在运营商核心域的第一次大规模商用。这不仅实现了数据库软硬件全自主可控，验证了 AntDB 分布式数据库可以在运营商核心的交易场景替代国外成熟商业数据库的解决方案，还探索出基于灰度发布能力的数据库割接方案，实现不停服、零故障的数据库割接，将更换核心库的业务影响降至最低。

随着数字化时代的来临，巨量数据、微服务架构、万物互联模式等都对未来数据库形态提出了新的期许。同时，项目团队构建起了快速、灵活、弹性、创新的敏捷作战能力和服务保障体系，全面提升了电信核心场景下数据架构管控的话语权，在电信行业打造出性能和服务"双保险"的数据库国产化替代工程。

割接试点过程中推动 AntDB 分布式数据库进行 6 次版本升级，在通用语法解析基础上构建了独特的国外某款商业数据库语法解析器，实现对国外某款商业数据库语法、函数、特性等方面兼容能力，减少了超过 2 万处代码修改，大幅降低应用适配改造的工作量，部分兼容点如图 5-1 所示。

	兼容点	兼容说明	对业务影响
语法兼容	外关联 (+)	兼容 Oracle 特有的 (+) 外关联语法	支持带 (+) 外关联的 SQL 直接运行，且结果准确
	connect by	兼容 Connect By 层次查询，且支持循环检测	支持业务逻辑中的复杂树型结构查询能力
	rownum	兼容 Oracle rownum，且可以与其他条件组合使用	减少超过1万处使用 rownum 进行分页代码的修改
	sysdate	兼容类 Oracle 的系统时间函数，不带时区和毫秒	减少超过1万处 sysdate 相关 SQL 代码的修改
函数兼容	to date	支持 Oracle 标准与非标准输入下的 to date 函数	减少超过2000处非标准 to date 用法业务代码修改
	ora hash	支持指定 Hash 桶数量的 Hash 函数	支持业务逻辑中的均衡数据分批操作
特性兼容	大小写	兼容输出字段全大写，避免通过列名无法获取数据	通过兼容性改造，使得 AntDB 的输出字段名称与 Oracle 输出字段名称一致，避免部分潜在的通过名称获取数据的业务逻辑的修改
	函数别名	支持函数计算字段使用全称为别名，保持完整的 Oracle 查询输出格式	
	隐式转换	支持各种类型的数据隐式转换规则，与 Oracle 转换规则一致，且转换规则可配置	避免大量类型隐式转换相关的报错，此类报错难以事先排查
	dual 表	支持 Oracle 中的虚拟 dual 表，且支持在子查询和嵌套查询中使用 dual 表	部分查询使用了 Oracle 虚拟表
	系统视图	支持部分 Oracle 特有的系统视图	支持系统视图，且通过视图定义的修改，支持了后台进程以及取数进程的正常运行

图 5-1 本次项目使用到的部分兼容点

部署架构上采用一主两备的部署模式，并启用读写分离，在有效减少主库压力的同时，充分利用了备库数据库的主机资源，操作示例如图 5-2 所示。

（1）效果好：解决现有单体数据库无法突破的瓶颈，读写分离全面上线后，从库承担约 75% 查询量，主库 CPU 负载下降 53%，大大提升整体性能容量；验证了 5 副本的可靠性。

（2）有差距：不是真正的分布式架构，无分片架构，扩展性受限（最佳实践，1 写 2 读 5 节点），数据存储容量偏高（相较 LSM Tree）。

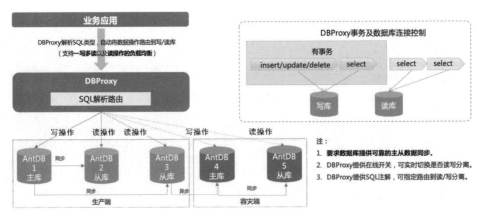

图 5-2 业务对数据库的操作示例

割接前后，核心业务接口调用与国外成熟商业数据库的对比如图 5-3 所示。

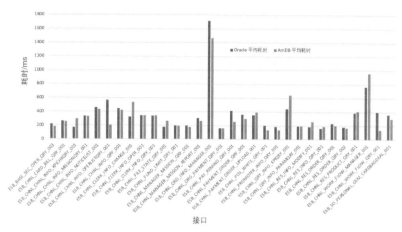

图 5-3　割接前后部分核心接口耗时对比

目前，该省还在继续选择 AntDB 分布式数据库进行其他更多核心系统的数据库替换工作。

5.2　某省高速公路清分结算系统改造升级案例

根据《国务院办公厅关于印发深化收费公路制度改革取消高速公路省界收费站实施方案的通知》（国办发〔2019〕23 号）（以下简称《通知》）文件要求，全国高速公路开展取消省界收费，全国联网清算的系统升级，各省高速公路原有清分结算系统运行方式已经不能满足《通知》的要求，需要对现有清分结算系统进行联网化改造升级。

在本次改造升级过程中，AntDB 分布式数据库承担的是清分结算处理部分，如图 5-4 所示。

图 5-4　清分结算系统功能模块

数据平台架构如图 5-5 所示。

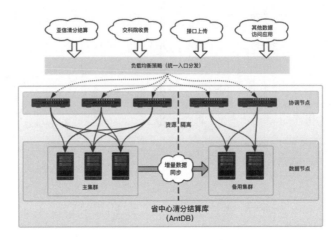

图 5-5　数据平台架构

AntDB 分布式数据库在该省的部署架构如图 5-6 所示。

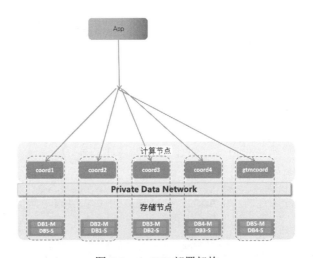

图 5-6　AntDB 部署架构

在项目前期，利用 2 天时间完成了 2 个月的数据分析，其间应用对数据库发起的负载是平时正常业务量的 40 倍，AntDB 使用分布式并行执行引擎，充分使用硬件资源，高效完成了业务报表的输出，获得了业务团队和客户的认可。

在集中处理数据期间，硬件资源基本用满：

● *磁盘I/O打满*。

- CPU使用率80%~90%。

- 25GB的光纤网卡接近满负载工作，传输速率为2GB/s。

项目上线后，随着业务量的增加，在数据量和并发量相比测试阶段都有了一个量级的增加，市场会出现业务处理积压的情况，经过多方面分析后，最终定位到磁盘 I/O 性能是关键影响因子，具体业务侧的表现为：

- 入库积压。

- 错单回收慢。

- 门架规整慢。

- ETC拆分慢。

- 拆分报表慢。

在前期的分析过程中，也采用一些措施进行优化：

- SQL优化。

- 表拆分。

- 模型优化。

有一定的缓解效果，但离预期效果还有一定的差距。

经过专家分析并与客户沟通，从操作层面、经济成本、对业务影响度等多方面综合考量，确定了两种措施来根本解决：

- 数据库主机磁盘从机械盘（HDD）升级为固态盘（SSD）。

- 分布式数据库的主备节点分别部署在不同的主机上。

措施实施的效果非常明显，业务的表现如下：

- 省内ETC清分之前处理100条数据需要30秒，升级之后处理100条数据需要2~3秒。

- 省内其他交易拆分升级前，错单回收处理5000条数据需要半天左右，省内拆分处理5000条数据需要15分钟左右，跨省交易5000条数据需要2小时，升级后错单回收5000条数据需要1小时左右，省内拆分需要5分钟左右，跨省交易需要15分钟左右。

- 全网ETC拆分升级前，处理500条数据需要30分钟左右，升级后处理500条数据需要3分钟左右。

- 省内ETC清分升级前，清分记账处理5000条数据需要20分钟左右，升级后处理5000条数据需要10分钟以内。

- 门架规整在升级之前每天的积压量在100万条数据上下，升级之后每天门架没有积压。

- 出口流水规则升级前，处理1万条数据需要10分钟左右，升级后需要3分钟左右。

- 拆分报表出具升级前，报表出具需要花费3小时以上，升级后需要20分钟。

调整后的集群部署架构如图5-7所示。

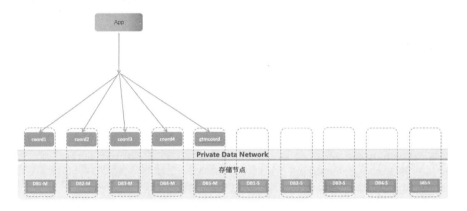

图 5-7　调整后的部署架构

业务在线数据保留半年，单个主节点半天的 WAL 日志量为 182GB。每个主节点的数据量大小为 6.4TB。

项目实施后业务高峰期间，数据库的负载如下：

CPU 负载如图 5-8 所示。

```
01:00:01 PM   CPU    %user    %nice  %system  %iowait   %steal    %idle
01:01:01 PM   all    20.28     0.00    11.39    12.63     0.00    55.70
01:02:01 PM   all    18.06     0.00     7.09     8.43     0.00    66.43
01:03:02 PM   all    11.76     0.00     4.89     7.77     0.00    75.58
01:04:01 PM   all    13.54     0.00     7.97     8.01     0.00    70.49
01:05:02 PM   all    16.61     0.00     9.33     8.63     0.00    65.43
01:06:03 PM   all    11.94     0.00     6.42    12.91     0.00    68.73
01:07:02 PM   all    16.79     0.00     8.49    12.75     0.00    61.96
01:51:01 PM   all    24.22     0.00     9.14     5.36     0.00    61.27
01:52:01 PM   all    15.42     0.00     5.75     4.74     0.00    74.10
01:53:02 PM   all    17.34     0.00     8.13     5.32     0.00    69.20
01:54:01 PM   all    13.45     0.00     5.91     4.38     0.00    76.26
01:55:01 PM   all    24.90     0.00    11.51     4.34     0.00    59.25
01:56:01 PM   all    14.98     0.00     6.15     8.94     0.00    69.92
01:57:01 PM   all    15.42     0.00     6.66     7.23     0.00    70.69
01:58:01 PM   all    17.72     0.00     5.21     7.24     0.00    69.83
01:59:01 PM   all    20.91     0.00     8.74     7.38     0.00    62.97
Average:      all    15.11     0.00     6.13     7.52     0.00    71.24
```

图 5-8　CPU 负载

网卡负载如图 5-9 所示。

```
01:00:01 PM     IFACE   rxpck/s   txpck/s    rxkB/s    txkB/s   rxcmp/s   txcmp/s  rxmcst/s
01:01:01 PM enp25s0f3      0.00      0.00      0.00      0.00      0.00      0.00      0.00
01:01:01 PM enp25s0f0      0.00      0.00      0.00      0.00      0.00      0.00      0.00
01:01:01 PM   ens11f1      2.40      0.00      0.18      0.00      0.00      0.00      0.00
01:01:01 PM   ens11f0 534700.51 567109.08 672707.15 724227.96      0.00      0.00      0.00
01:01:01 PM     bond0 534702.90 567109.08 672707.33 724227.96      0.00      0.00      0.00
01:01:01 PM enp25s0f2      0.00      0.00      0.00      0.00      0.00      0.00      0.00
01:01:01 PM        lo   2145.26   2145.26  10335.67  10335.67      0.00      0.00      0.00
01:59:01 PM        lo   4229.74   4229.74  15493.48  15493.48      0.00      0.00      0.00
01:59:01 PM enp25s0f1      0.00      0.00      0.00      0.00      0.00      0.00      0.00
Average:    enp25s0f3      0.00      0.00      0.00      0.00      0.00      0.00      0.00
Average:    enp25s0f0      0.00      0.00      0.00      0.00      0.00      0.00      0.00
Average:      ens11f1      0.90      0.00      0.08      0.00      0.00      0.00      0.00
Average:      ens11f0 299993.52 338844.64 351481.08 412481.30      0.00      0.00      0.00
Average:        bond0 299994.42 338844.64 351481.16 412481.30      0.00      0.00      0.00
Average:    enp25s0f2      0.00      0.00      0.00      0.00      0.00      0.00      0.00
Average:           lo   4264.72   4264.72  16155.95  16155.95      0.00      0.00      0.00
Average:    enp25s0f1      0.00      0.00      0.00      0.00      0.00      0.00      0.00
```

图 5-9　网卡负载

在这个案例中，总结积累了一些分布式版本 AntDB 实施的经验：

- 分片键的选择：分片键不光关系到数据的分布是否均衡，还会在一定场景下影响SQL的性能（如在关联操作中，关联字段不是分片字段）。
- 定期vacuum：经常进行增删改的表，需要定期进行vacuum full操作，以便对表文件占用的物理空间进行回收，在本案例中，碰到了100万条记录数据的表大小高达150GB，严重影响了对该表的访问效率。
- 使用固态盘：在I/O非常密集的系统中，建议在初期直接使用固态盘，可以减少后期的很多问题。
- 主备分开部署：同样在I/O密集的系统中，也建议将主备节点分开部署，减少对主节点所在主机的I/O压力，这种部署方式可以启用AntDB的读写分离功能，充分利用备节点的只读能力，有效利用了备节点的主机资源。
- SQL优化：在编写SQL的时候，特别是关联表比较多的时候，尽早地过滤数据，减少执行器后面步骤的I/O处理量。
- 模型设计：避免核心热表成为系统性能的瓶颈。

5.3　某省核心账务库案例

通信行业核心业务系统已经与某款国外成熟商业数据库深度捆绑多年，为改变这一现状，实现数据库“自主可控”的目标，某省经过多轮调研选型与评测，最终选择 AntDB 分布式内存数据库进行核心生产系统账务库的国产化替代。

建设前该省核心数据库主要存在的问题有：

● 性能瓶颈：由于连接数限制、磁盘操作等特性，月初、月末出账大批量并发的场景下性能出现瓶颈，批量操作实施滞后，前台、渠道访问出现明显延时，极大地影响客户体验与生产运营。

● 扩展瓶颈：国外某款成熟数据库产品采用RAC机制实现横向扩展，RAC节点过多会导致RAC争用，过多的RAC争用最终导致性能急剧下降，影响外围应用系统的体验。

通过对现有生产库的梳理，最终将替换范围选定在账务库数据，整个替换过程涉及 400+ 存储过程，340 个自定义函数，11 万＋个表对象，总数据量约6.5TB。扩大 AntDB 分布式内存数据库的使用范围，解决数据库连接数瓶颈同时完成国产数据库在核心支撑系统内的应用试点。新的内存数据库集群具备平滑扩展、同构数据库数据同步、数据备份、备份恢复、高可用及容灾、高性能高吞吐等关键能力。本次建设涉及的应用范围如图 5-10 所示。

图 5-10　某省核心生产系统账务库的建设范围

图 5-10 中核心生产系统的数据库替换范围包括核心的营业库、开通库、产商品库、账务中心等，通过部署分布式集群替换国外同类产品。

本期国产数据替代项目建设目标如下：

● 月承载出账用户：2600万。

- 日交易次数：百亿级。

- 月交易次数：千亿级。

- 主备副本接管：秒级。

- 容灾接管：秒级。

- 交易最大吞吐量：60万笔/秒。

- 最大话单处理量：30万条/秒。

不可否认，数据库的国产化替代工程量是浩大的，其间涉及 40+ 个核心模块，上千个接口的适配改造，历时近一年完成。并完成了双中心容灾架构部署，如图 5-11 所示。

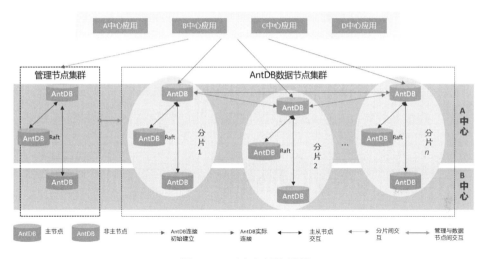

图 5-11　双中心架构部署

图 5-11 所示的双中心架构部署，为一套三副本双中心生产环境（24 台数据节点服务器，3 台管理节点服务器）：中心 A，主备 2 套副本（16 台数据节点服务器，2 台管理节点服务器）；中心 B，容灾副本（8 台数据节点服务器，1 台管理节点服务器）。

AntDB 分布式内存数据库上线后，业务视角最终数据证明，关键业务流程耗时、峰值关键业务接口响应时延等指标都达到国外同类产品水平，在部分指标，如连接数限制数据更是有数十倍的提升。其他具体的建设成果如下：

- 通过宕机、网络异常和存储异常的场景，切换耗时控制在60秒以内。

高业务压力背景下宕机业务影响在120秒内，全部达到预期。证明了AntDB分布式内存数据库具备优秀的高可用能力。

- 抽选生产调用频率最高的8个接口设置混合比例场景，同等生产压力下性能平均提升10%。

- 通过数据治理、账务库表生命周期及应用配套调整、历史数据迁移等操作，账务库4域整体表空间下降52%。

- 系统负荷下降33%以上，发挥AntDB分布式内存数据库的优势，有效支撑低时延、高并发场景下的高频交易业务。

- 核心账务库强业务关联数据库（用户资料、资金、账单、免费资源）国产化，减少70%的国外同类产品的使用率。

- 实现CRM域多元化数据存储模式，并取得成功，为CRM域后续进一步全面国产化打下了坚实基础。

- 整个核心数据库集群具备了水平扩展能力，通过生产环境实际操作，由7分片扩展到8分片可以在数小时内完成，并且可以做到扩展期间应用无感。

5.4　某省计费中心项目

目前运营商正在各省推进核心系统数据库国产化，案例客户也在积极推进核心业务数据库国产化工作的研究和实验。随着 AntDB 持续研发投入，以及在各领域的上线稳定运行，AntDB 已经具备了替换国外商业数据库的能力。本项目按照对业务影响范围分析，决定先从客户计费系统的清单库着手进行替换。

客户对此次项目的要求如下：产品功能稳定，整体性能提升，需同原来使用的某国外商业数据库在存储过程、语法等方面高度兼容，采取双中心容灾机制，需提供运维工具及配套文档。AntDB 完全符合客户需求，尤其在同该国外商业数据库兼容方面业界领先。AntDB 提供的并不仅仅是一个数据库，而是一套核心产品、一套工具集、一套运维服务体系。

计费系统清单库承载的是每个用户的不同业务的话单，包括流量、语音、短信、彩信、梦网类话单，这些业务话单经过采集、计费、账务等模块处理后输出用户话单明细信息（包含号码、基站、拜访地、费用、产品等），然后记录到 AntDB 中。

该项目中 AntDB 采用了典型的分布式架构，双中心容灾机制，主备中心各有 12 台主机，数据节点 DN1 到 DN6 配置为一主一备。主备中心采用流复制方式同步数据。DN1_1 到 DN6_1 为主节点，其余均为备节点。备数据中心的节点通过级联复制的方式同步数据。通过 ADBMGR 的高可用命令完成切换操作。其架构如图 5-12 所示。

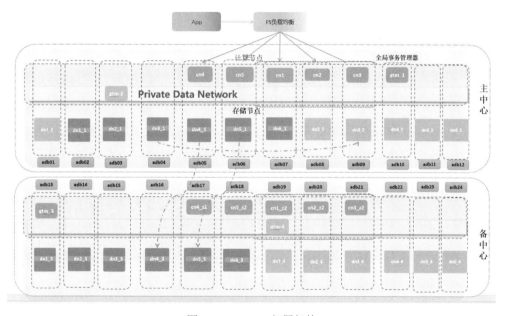

图 5-12　AntDB 部署架构

数据库替换并非易事，由于业务数据量大，流程复杂，在项目实施过程中，项目组投入大量时间精力在数据库性能提升上。项目刚开始测试时，入库单进程单条 insert 测试 TPS 在 160 左右，远低于生产业务 800 的要求。经团队分析，认为原因如下：

● AntDB 同原数据库的执行引擎不同，且原数据库使用的是性能更好的小型机。

● AntDB 是分布式，而原数据库是单机，分布式数据库的优势在于大数据量以及高并发。

基于 AntDB 的优劣势，项目组选择扬长避短，考虑使用文件 copy、单条

insert 语句插入多个 values，通过提高数据库并发等方式来提高入库性能。经过数轮分析测试，最终采用 copy 协议的批量入库方式，大大提高了入库性能

同样由于主机性能的差异，AntDB 在 update 千万级大表场景下耗时较原数据库长。故开始着手研究 update 操作性能提升方法，单条 update 语句性能很难再提升，将 update 语句放入多个计算节点上执行需要改动框架，且结果未知。基于此情况，项目组讨论认为可以将百万级别以上的大表的 rowid 放入一张表中，再与表的 rowid 关联进行 update，避免一次只执行一条 update，此方案测试后将原本需要 8 小时的操作降至了 40 分钟左右，后续又将 rowid 方式改为用 tcid scan 方式，最终操作耗时只需要 30 分钟，性能较原国外数据库获得大幅度提高。

该项目针对业务做了全流程测试，举例如下：

- 计费系统全业务清单入库、错单入库比对测试，根据原数据库和 AntDB配置不同的入库流程，对比两种数据库清单、错单入库后各分表入库数量及总数，入库清单、错单字段格式内容，所得测试结果完全一致。

- 计费系统各业务话单入库场景功能测试，设置业务场景的不同情况，观察话单入库后的表数据变化情况，结果符合预期。

- 计费系统话单出库测试，测试AntDB出库文件内容同原数据库完全一致，出库性能较原数据库有较大提升。采用相同的硬件及配置，在 1000万话单场景下，AntDB处理时间仅为原国外数据库处理时间的四分之一。

完整的功能性能测试通过后，2020 年 10 月下旬迎来了 AntDB 数据库的上线试运行，基于 AntDB 对异构数据库的高兼容度，并且支持同异构数据库并行运行，上线前期与原数据库并行运行，降低了客户担忧。数据库试运行过程中也遇到了一些问题，例如 capes 采集 SQL 报错，经检查是 SQL 投影列中使用多个不带别名的包含中文字符的 decode() 函数，在原数据库兼容语法下导致中文乱码。AntDB 通过修改代码兼容该用法，版本升级后解决问题，也侧面体现出 AntDB 可以基于客户不同的需求做定制化的二次开发。

AntDB 同原国外数据库并行两周后，2020 年 11 月 AntDB 正式接管生产业务，原国外数据库下线。AntDB 数据库正式上线后运行稳定，目前每日处理话

单量在 34 亿左右，整体综合性能较原架构最大提升 60%，成本节约 80%。该项目不仅是运营商核心计费系统中一套数据库的替换，更是验证了 AntDB 应对多连接数、高并发场景时，同样值得信赖。在大幅降低客户软硬件成本的基础上，还能实现性能的提升。同时借助 AntDB 分布式易扩展的特性，当企业业务快速发展导致容量不足时，可以低成本，高效率完成扩容，借助独有的 HashMap 算法、自研数据复制工具，在线完成数据扩容，对业务无影响，提高了系统的易扩展性。

第**6**章 高可用性方案设计与最佳实践

6.1 高可用架构基础

数据库高可用是个老生常谈的话题了，它对企业数据安全和保障业务连续性的重要程度让企业不容忽视。

那么，什么是数据库高可用？

高可用性（High Availability，HA）指的是通过尽量缩短因日常维护操作（计划）和突发的系统崩溃（非计划）所导致的停机时间，以提高系统和应用的可用性。它与被认为是不间断操作的容错技术。HA 系统是企业防止核心计算机系统因故障停机的最有效手段。高可用性通常用来描述一个系统经过专门的设计，从而减少停工时间，而保持其服务的高度可用性，是分布式系统架构设计中必须考虑的因素之一。

如果一台系统能够不间断地提供服务，那么这台系统的可用性可达100%。如果系统每运行 100 个时间单位，就有 1 个时间单位无法提供服务，那么该台系统的可用性就是 99%。

可用性通常用百分比表示，是指在给定时间段内特定系统或组件的正常运行时间，其中 100% 的值表示系统永不失效。例如，在一年的时间内保证 99%可用性的系统最多可以有 3.65 天的停机时间（1%）。这些值是根据几个因素计算的，包括计划和非计划维护周期，以及从可能的系统故障中恢复的时间。目前大部分企业的高可用目标是 4 个 9，即 99.99%，也就是允许这台系统的年停机时间为 52.56 分钟。IT 系统的高可用建设包括网络设备高可用性、服务器设备高可用性及存储设备高可用性三个方面。

● 网络设备高可用：由于网络存储的快速发展，网络冗余技术被不断提升，提高IT系统的高可用性的关键就是网络高可用性。网络高可用性与网络高可靠性是有区别的，网络高可用性是通过匹配冗余的网络设备实现网络设备的冗余，达到高可用。比如冗余的交换机、冗余的路由器等。

● 服务器设备高可用：服务器设备高可用主要是使用服务器集群软件或高可用软件来实现。

● 存储设备高可用：使用软件或硬件技术实现存储的高度可用性。其主要技术指标是存储切换功能、数据复制功能、数据快照功能等。当一台存储出现故障时，可以快速切换到另一台备用的存储，达到存储不停机的目的。

首先需要了解一下什么是可用性以及如何度量可用性。对于一个交互式 IT 产品，是否可用要看用户能否用该产品完成他的任务。可用性就是在某个考察时间内，系统能够正常运行的概率或时间占有率的期望值。对于可用性等级，业内一般用 n 个 9 来描述，如表 6-1 所示。

表 6-1　可用级别描述

可用级别	描述	年度不可用时长
99%（2 个 9）	基本可用，最低级别	3 天 15 小时 36 分（87.6 小时）
99.9%（3 个 9）	较高可用，人肉可达	8 小时 45 分 36 秒（8.8 小时）
99.99%（4 个 9）	具备故障自动恢复能力的可用性	52 分 56 秒
99.999%（5 个 9）	高可用	5 分 15 秒

服务处于不可用状态的时间称为故障时间。可用性每提高一个等级，故障时间就要降一个等级。从天到时到分，相对来说比较容易实现。再往后每提高一个等级，将付出成百上千倍的努力。大型网站服务通常要做到 4 个 9，而做到 5 个 9 及以上就比较困难了，不仅要解决技术挑战，还要面对极大的成本压力。对于网站核心服务，会尽可能做到 5 个 9，而非核心服务做到 4 个 9，甚至 3 个 9，也可以接受。做技术决策时必须考虑经济账。

6.1.1　各种高可用架构介绍

如何做到高可用呢？方法很简单，那就是冗余。通俗地讲，就是双保险机制。背后的理论基础是概率论。假设某个服务器的可用性是 99%（故障率 1%），那么两个服务器的可用性就是 1-0.01×0.01=99.99%。可以看到，冗余对可用性的提升是指数级的。再冗余一个服务器，可用性就达到 6 个 9 了。

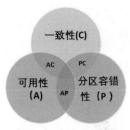

图 6-1　CAP 理论图

2.5.2 节讲过 CAP 理论，即 CAP 三者不可兼得，提高其中任意两者的同时，必然要牺牲第三者。（推荐阅读文章《分布式系统缘起及理论》）。CAP 理论如图 6-1 所示。

用冗余提升可用性，本质上是在追求 AP。冗余越多，解决 C 的成本就越高。其中最大的成本是时间成本。时间成本在技术上是不可接受的。程序员提起高可用系统，经常会再加一个词"高并发"。高并发就体现了技术对时间的追求。正是这些不可兼得的矛盾，才让架构师在面对不同业务场景时，需要做不同的技术取舍。

冗余的架构设计有三种模式：双主（Master & Master）、主备（Master & Co-Master）和主从（Master & Slave）。冗余架构如图 6-2 所示。

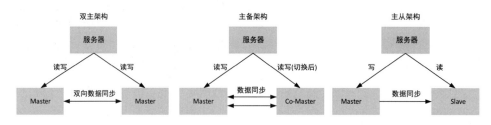

图 6-2　冗余架构设计

双主架构模式中，两台服务器是平等关系，同时对外提供读写服务，客户端任选一台即可。双主架构模式是可用性最好的，但是这种架构的一致性处理比较困难，需要两台服务器进行双向数据同步。一旦它们之间的通信断开，就形成了网络分区，这种分区会带来脑裂（brain-split）问题，并且系统对此无解，必须人工介入。所以在架构设计时极少选择双主架构模式。

主备架构模式中，两台服务器不再是平等关系。主服务器承担所有的读写请求，备服务器只有在主服务器不可用时才取而代之。主备服务器之间虽然也存在两个方向的数据同步，但跟双主模式不同，它们不会同时发生。正常情况下只存在主服务器向备服务器同步数据。主服务器不可用的时间段内，数据会写到备服务器。当主服务器恢复后，才需要由备服务器向主服务器同步数据。

在此期间，会双写数据到主备服务器，防止主服务器同时再向备服务器同步数据。主备服务器比较容易实现，缺点是备服务器在绝大部分时间是一种资源浪费。一般数据库系统在部署时会考虑主备架构。

主从架构模式其实不是主要解决高可用问题的，更多地是为了实现读写分离，以解决高并发问题。实际场景中通常不是一主一备，而是一主多备架构，因为大部分应用都是读多写少。主服务器处理写请求，备服务器处理读请求。由于存在多备，读服务的可用性远高于写服务。另外，写服务会存在单点故障。这个问题可以通过集群动态选主来解决：当主节点不可用时，集群自动选出一台新的主服务器。

6.1.2 服务器的可靠性设计

分布式环境下的服务器可靠性设计通常采用集群技术来实现。

集群技术指一组相互独立的服务器在网络中组合成为单一的系统工作，并以单一系统的模式加以管理。此单一系统为客户工作站提供高可靠性的服务。大多数情况下，集群中所有的计算机拥有一个共同的名称，集群内任一系统上运行的服务器可被所有的网络客户使用。

集群必须可以协调管理各分离的构件出现的错误和故障，并可透明地向集群中加入构件。一个集群包含多台（至少 2 台）共享数据存储空间的服务器。其中任何一台服务器运行应用时，应用数据被存储在共享的数据空间内。每台服务器的操作系统和应用程序文件存储在各自的本地储存空间内。

集群内各节点服务器通过一个内部局域网相互通信，当一台节点服务器发生故障时，这台服务器上所运行的应用程序将在另一台节点服务器上被自动接管。当一个应用服务器发生故障时，应用服务器将被重新启动或被另一台服务器接管。当以上的任一故障发生时，客户都将能很快连接到其他应用服务器上。

6.2 基于共享存储的高可用方案

因为数据是面向整体的，所以数据可以被多个用户、多个应用程序共享使用，可以大大减少数据冗余，节约存储空间，避免数据之间的不相容性与不一致性。

6.2.1　SAN存储方案

随着光纤通道技术的出现、网络技术的发展，企业对集中式存储的深刻认识，逐渐形成了存储网络这一概念。存储网络可以实现数据的安全存储管理，实现不同平台之间的数据共享，可以为用户提供 7×24 小时的数据访问服务。存储网络主要有 NAS（网络附属存储）和 SAN（Storage Area Network，存储区域网络）两种。两者的共同点在于均以存储设备为中心，可实现存储设备的共享，集中式存储便于管理。不同之处在于两种存储网络在网络连接、数据访问控制等方面。可根据不同的应用环境选用不同的存储网络。

1. SAN 的拓扑结构

通过光纤通道交换机连接存储阵列和服务器主机，最后成为一个专用存储网络。SAN 提供了一种与现有 LAN（局域网）连接的简易方法，并且通过同一物理通道支持广泛使用的 SCSI 和 IP 协议。SAN 允许企业独立地增加它们的存储容量。SAN 的结构允许任何服务器连接到任何存储阵列，这样不管数据放在哪里，服务器都可以直接存取所需的数据。因为采用了光纤接口，所以 SAN 还具有更高的带宽。SAN 拓扑如图 6-3 所示。

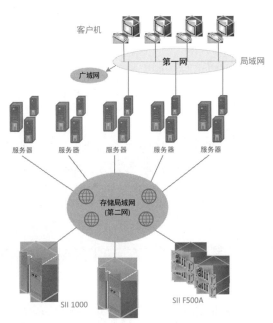

图 6-3　SAN 拓扑图

SAN 是建立在存储协议基础之上的，可使服务器与存储设备之间进行 "any to any" 连接通信的存储网络系统。

由于 SCSI 技术在带宽、安全性、连接柔韧性方面的局限，人们开发了一种新的通道技术：光纤通道技术。借助光纤通道技术优势可以实现以前无法或很难实现的应用模式。光纤通道技术被广泛采用，不仅仅是因为光纤通道具有更高的带宽、更长的连接距离、更好的安全性和扩展性，而是光纤通道技术很好地融合了通道技术和网络技术的优势，利用光纤通道可以创造一个有别于以前的 LAN 的 SAN。

采用 SAN 可以实现在公司信息系统中的任何服务器、任何阵列子系统、任何磁带系统之间的互联。采用 SAN 可以建造一个存储池，实现多服务器共享一个阵列子系统，共享一个自动带库，实现数据的共享和集中的管理。

2. SAN 的优势

SAN 存储网络的优势如下：

● 扩展性好：SAN采用光纤通道技术。SAN采用FC-LOOP形式，每个光纤环路可连接126个光纤设备。如果采用FC-SW（光纤交换）的形式，光纤网络理论上可连接1600万个光纤设备。也就是说，可在光纤网络上增加光纤设备，以满足系统的扩展性需要。

● 传输距离远：采用多模光纤，传输距离可达500米；采用单模光纤，传输距离可达10千米。

● 传输速率高：SAN具有200MB/s的环路带宽，提升了主机系统的存储带宽，由于大量的数据存储于高速的SAN存储池中，减轻了服务器与客户机之间的通信带宽。大数据量的访问操作都可以通过SAN来完成。

● 备份效率高：可采用LAN-Free的数据备份方式，要备份的数据通过SAN 100MB/s的速率传输到磁带库，只有少量的控制信息通过TCP/IP网络进行传输，大大节省了TCP/IP网络带宽资源。

● 配置灵活：通过相应的软件可实现基于SAN的网络文件共享，文件访问效率高。

● 安全性好：可通过光纤交换机的逻辑分区功能实现交换机端口的访问控制。通过SeaStor磁盘阵列的LUN masking实现LUN一级的安全隔离。

通过软件实现文件共享访问控制。

当数据处于经常访问状态时，数据将存储在 SII 1000 光纤磁盘阵列系统中，可以直接被数据服务器或客户端主机访问；当数据有较长一段时间没有被访问时（例如，30 天），通过第三方的分级存储软件，将根据事先设置的规则和策略对存放在 SII 1000 上的数据文件进行扫描，然后将符合迁移条件的数据文件，迁移至后台由分级存储软件所管理的 SII F500A 磁盘阵列上，而在 SII 1000 上只保留一个文件指针，用户或应用程序依然可以通过文件指针来访问已经被迁移的数据文件，只是当文件被访问时，文件数据会自动从后台的 SII F500A 磁盘阵列上回调至 SII 1000 上，这个过程对于用户和应用程序是透明的。从而实现了自动的无人管理的数据分级存储管理功能。

将存储和服务器隔离，简化了存储管理，能够统一、集中地管理各种资源，使存储更为高效。通常网络中一个服务器可用空间用完了，另一个服务器还有很多可用空间。SAN 把所有存储空间有效地汇集在一起，每个服务器都享有访问组织内部所有存储空间的同等权利。这一方法能降低文件冗余度。

SAN 能屏蔽系统的硬件，可以同时采用不同厂商的存储设备。

3. SAN 的不足

SAN 的不足是，跨平台性能没有 NAS 好，价格偏高，搭建 SAN 比在服务器后端安装 NAS 要复杂得多。

SAN 存储系统的优点是，它是一个高弹性基础架构，可以消除单点故障；提供快速数据访问、数据容灾、备数据份与数据恢复能力；提高存储资源利用率，不再为了获得存储空间而重复购买新服务器，只需要增加存储阵列的硬盘或磁带等。

本设计方案是基于模块化、可扩展、无单点故障的 SAN 解决方案，具有容灾和业务连续性等特性。它能够为企业的业务系统提供无缝的异地容灾备份解决方案，能够为企业业务系统高效、高可靠性的双磁盘阵列系统远程容灾备份方案提供良好的高可用性支持。具体而言，本设计方案的特点有以下几个：

- 方案投资不高，原有的设备得到合理利用的前提下，基于网络的数据存储服务性能得到明显提升，业务数据实现了有效的汇集和管理，实现了性能和价格的最优组合。

● SAN存储系统扩展性好、升级能力强，投资保护性好。

● 实现了存储系统支持数据集中式管理，相关业务系统或全部的应用系统存储系统合并为统一的存储系统。

● 采用开放式的体系结构，支持多种系统平台的接入，亦即实现跨平台操作。

● 异构环境数据共享，即不同的平台和数据库系统实现相关数据的共享，同时支持第三方主流厂家存储设备的接入。

● 提供包括存储介质、接口设备及连接链路的冗余支持。

● 向网络客户端和应用服务器提供高效可靠的数据存储服务时，对应用系统的运行效率和网络的速度不会产生明显的影响。

● 采用本地磁带备份与远程容灾措施，按其重要程度确定数据备份等级，配置数据备份与容灾策略，采用先进的数据容灾和灾难恢复技术，保证了信息系统可靠性和数据重要性。

6.2.2　DRBD方案

分布式块设备复制（Distributed Replicated Block Device，DRBD）是一种基于软件和网络的块复制存储解决方案，主要对服务器之间的磁盘、分区、逻辑卷等进行数据镜像。当用户将数据写入本地磁盘时，还会将数据发送到网络中另一台主机的磁盘上，这样就可以保证实时同步本地主机（主节点）与远程主机（备节点）的数据，当本地主机出现问题，远程主机上还保留着一份相同的数据，可以继续使用，保证了数据的安全。

1. DRBD 的基本功能

DRBD 的核心功能就是数据的镜像，其实现方式是通过网络来镜像整个磁盘设备或磁盘分区，将一个节点的数据通过网络实时地传送到另一个远程节点，保证两个节点间数据的一致性，这有点类似于一个网络 RAID1 的功能。对于 DRDB 数据镜像来说，它具有如下特点：

● 实时性。当应用对磁盘数据有修改操作时，数据复制立即发生。

- 透明性。应用程序的数据存储在镜像设备上是透明和独立的。数据可以存储在基于网络的不同服务器上。

- 同步镜像。当本地应用申请并开始进行写操作时，同时也在远程主机上开始进行写操作。

- 异步镜像。当本地写操作已经完成时，才开始对远程主机进行写操作。

2. DRBD 的构成

DRBD 是 Linux 内核存储层中的一个分布式存储系统，具体来说由两部分构成：一部分是内核模板，主要用于虚拟一个块设备；另一部分是用户空间管理程序，主要用于和 DRBD 内核模块通信，以管理 DRBD 资源，在 DRBD 中，资源主要包含 DRBD 设备、磁盘配置、网络配置等。

DRBD 设备在整个 DRBD 系统中位于物理块设备之上、文件系统之下，在文件系统和物理磁盘之间形成了一个中间层，当用户在主用节点的文件系统中写入数据时，数据在被正式写入磁盘前会被 DRBD 系统截获，同时，DRBD 在捕捉到有磁盘写入的操作时，就会通知用户空间管理程序把这些数据复制一份，写入远程主机的 DRBD 镜像，然后存入 DRBD 镜像所映射的远程主机磁盘。DRBD 运行结构如图 6-4 所示。

图 6-4　DRBD 运行结构图

DRBD 负责接收数据，把数据写入本地磁盘，然后发送给另一个主机。另一个主机再将数据存储到自己的磁盘中。目前，DRBD 每次只允许对一个节点进行读写访问，这对于通常的故障切换高可用性集群来讲已经足够用了。以后的版本将支持两个节点进行读、写、存、取。

3. DRBD 的主要特性

DRBD 系统在实现数据镜像方面有很多有用的特性，可以根据自己的需要和应用环境，选择适合的功能特性。下面介绍 DRBD 几个非常重要的应用特性。

单主模式，是最常使用的一种模式，主要用在高可用集群的数据存储方面，解决集群中数据共享的问题，在这种模式下，集群中只有一个主节点可以对数据进行读写操作，可以用在单主模式下的文件系统有 EXT3、EXT4、XFS 等。

双主模式，该模式只能在 DRBD8.0 之后的版本中使用，主要用在负载均衡集群中，解决数据共享和一致性问题。在这种模式下，集群中存在两个主节点，由于两个主节点都有可能对数据进行并发的读写操作，因此单一的文件系统就无法满足需求了，此时就需要共享的集群文件系统来解决并发读写问题。常用在双主模式下的文件系统有 GFS、OCFS2 等，通过集群文件系统的分布式锁机制就可以解决集群中两个主节点同时操作数据的问题。

4. 复制模式

DRBD 提供了如下三种不同的复制方式：

- 协议 A，只要本地磁盘写入已经完成，数据包已经在发送队列中，则认为一个写操作过程已经完成。这种方式在远程节点发生故障或者网络发生故障时，可能造成数据丢失，因为要写入远程节点的数据可能还在发送队列中。

- 协议 B，只要本地磁盘写入已经完成，并且数据包已经到达远程节点，则认为一个写操作过程已经完成。这种方式在远程节点发生故障时，可能造成数据丢失。

- 协议 C，只有本地和远程节点的磁盘都已经确认了写操作完成，才认为一个写操作过程已经完成。这种方式没有任何数据丢失，就目前而言应用最多、最广泛的就是协议 C，但在此方式下磁盘的 I/O 吞吐量依赖于网络带宽。建议在网络带宽较好的情况下使用这种方式。

6.3　WAL 日志或流复制的高可用方案

预写式日志 Write Ahead Log、WAL，又称 WAL 日志。WAL 日志是 PostgreSQL 中十分重要的部分，相当于 Oracle 中的 redo 日志。PostgreSQL 使用 WAL 日志保存每一次的数据修改，这样保证了数据库即使意外宕机，也能利用它准确地恢复数据。

WAL 机制实际是在写数据的过程中加入了对应的写 WAL 的过程，步骤是先到 Buffer，再刷新到 Disk，具体如下：

Change 发生时：

● 先将变更后的内容记入WAL Buffer。

● 再将更新后的数据写入Data Buffer。

Commit 发生时：

● WAL Buffer刷新到Disk。

● Data Buffer写磁盘推迟。

Checkpoint 发生时。

● 将所有Data Buffer刷新到磁盘，如图6-5所示。

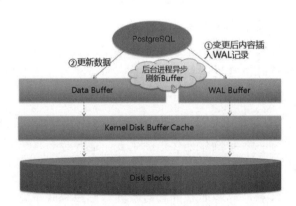

图 6-5　Daba Buffer 刷盘结构图

PostgreSQL 在 9.x 版本之后引入了主从的流复制机制，所谓流复制，就是备服务器通过 tcp 流从主服务器中同步相应的数据，主服务器在 WAL 记录产生时即将它们以流式传送给备服务器，而不必等到 WAL 文件被应用。

默认情况下流复制是异步的，在主服务器上提交一个事务与该变化在备服务器上变得可见之间客观上存在短暂的延迟，但这种延迟相比基于文件的日志传送方式依然要小得多，在备服务器的能力满足负载的前提下延迟通常低于一秒。

在流复制中，备服务器比使用基于文件的日志传送具有更小的数据丢失窗口，不需要采用 archive_timeout 来缩减数据丢失窗口。

将一个备服务器从基于文件日志传送转变为基于流复制的步骤：把 recovery.conf 文件中的 primary_conninfo 设置指向主服务器；设置主服务器配置文件的 listen_addresses 参数与认证文件即可。

PostgreSQL 物理流复制按照同步方式分为两类：

● 异步流复制。

● 同步流复制。

物理流复制具有以下特点：

● 延迟极低，不怕大事务。

● 支持断点续传。

● 支持多副本。

● 配置简单。

● 备库与主库物理完全一致，并支持只读。

6.3.1　持续复制归档的Standby方法

基于 Standby 的异步流复制，是 PostgreSQL 9.x 版本（2010 年 9 月）之后提供的一个很好的功能，类似的功能在 Oracle 中是 11g 之后才提供的 active dataguard 和 SQL Server。Standby 数据库原理如下。

首先，做主从同步的目的就是实现 DB 服务的高可用性，通常是一台主数据库提供读写，然后把数据同步到另一台从数据库，然后从数据库不断 apply 从主数据库接收到的数据，从数据库不提供写服务，只提供读服务。在 PostgreSQL 中提供读写全功能的服务器称为 primary database 或 master database，在接收主数据库同步数据的同时又能提供读服务的从数据库服务器称为 hot standby server。

PostgreSQL 在数据目录下的 pg_xlog 子目录中维护了一个 WAL 日志文件，该文件用于记录数据库文件的每次改变，这种日志文件机制提供了一种数据库热备份的方案，即在把数据库使用文件系统的方式备份出来的同时也把相应的 WAL 日志进行备份，即使备份出来的数据块不一致，也可以重放 WAL 日志把备份的内容推到一致状态。这就是基于时间点的备份（Point-In-Time Recovery，PITRL）。而把 WAL 日志传送到另一台服务器有两种方式，分别是：

- WAL日志归档（base-file）。

- 流复制（streaming replication）。

WAL 日志归档是写完一个 WAL 日志后，才把 WAL 日志文件拷贝到 Standby 数据库中，简言之，就是通过 cp 命令实现远程备份，这样通常备库会落后主库一个 WAL 日志文件。流复制是 PostgreSQL 9.x 之后才提供的新的传递 WAL 日志的方法，它的好处是只要 master 库一产生日志，就会马上传递到 Standby 库，同 WAL 日志归档相比有更短的同步延迟，所以肯定也会选择流复制的方法。

6.3.2 异步流复制方案

异步方式主库上的事务不会等待备库接收日志流发出确认信息后主库才向客户端返回成功，很明显，异步方式会有延迟，但是提高了业务的响应速度。下面介绍配置环境搭建。

1. 详细配置环境

下面开始实战，首先准备两台服务器，采用了 2 个虚机做测试，分别是：

- 主库（master）CentOS release 6.5（Final）10.0.0.100 postgresql 9.5.9。

- 从库（standby）CentOS release 6.7（Final）10.0.0.110 postgresql 9.5.9。

2. 主库配置

首先要提前在 master 机器 10.0.0.100 安装好 PostgreSQL，采用二进制安装包，具体参考本节的 PostgreSQL 二进制安装过程。

注意此处的操作都是在主库（10.0.0.100）上进行的，首先打开数据目录下的 postgresql.conf 文件然后做以下修改：

```
1.listen_address = '*'(默认 localhost)
2.port = 10280          (默认是 5432)
3.wal_level = hot_standby(默认是 minimal)
4.max_wal_senders=2(默认是 0)
5.wal_keep_segments=64(默认是 0)
```

下面对上述参数稍作说明。

第一个是监听任何主机，wal_level 表示启动搭建 Hot Standby，max_wal_senders 则需要设置为一个大于 0 的数，它表示主库最多可以有多少个并发的 Standby 数据库，而最后一个 wal_keep_segments 也应当设置为一个尽量大的值，以防止主库生成 WAL 日志太快，日志还没有来得及传送到 Standby 就被覆盖，但是需要考虑磁盘空间允许，一个 WAL 日志文件的大小是 16MB：

```
[antdb@localhost data]$ cd /data/pgsql100/data/pg_xlog/
[antdb@localhost pg_xlog]$ ls
000000010000000000000001  000000010000000000000002
000000010000000000000003  000000010000000000000004
000000010000000000000005  archive_status
[antdb@localhost pg_xlog]$ du -sh *
16M      000000010000000000000001
16M      000000010000000000000002
16M      000000010000000000000003
16M      000000010000000000000004
16M      000000010000000000000005
```

3.0K archive_status

如上，一个 WAL 日志文件是 16MB，如果 wal_keep_segments 设置为 64，也就是说将为 Standby 库保留 64 个 WAL 日志文件，那么就会占用 16×64=1GB 的磁盘空间，所以需要综合考虑，在磁盘空间允许的情况下设置得大一些，就会减少 Standby 重新搭建的风险。接下来还需要在主库创建一个超级用户来专门负责让 Standby 连接去拖 WAL 日志：

```
CREATE ROLE replica login replication encrypted password 'replica';
```

接下来打开数据目录下的 **pg_hba.conf** 文件然后做如下修改：

```
[antdb@localhost pg_xlog]$ tail -2 /data/pgsql100/data/pg_hba.conf
#host       replication       postgres        ::1/128                 trust
host        replication       replica         10.0.0.110/32           md5
```

如上配置的意思是允许用户 replica 从 10.0.0.110/32 网络上发起到本数据库的流复制连接，简言之，即允许从库服务器连接主库去拖 WAL 日志数据。主库配置很简单，到此就算结束了，启动主库并继续配置从库：

```
pg_ctl -D /data/pgsql100/data -l /data/pgsql100/log/postgres.log stop
pg_ctl -D /data/pgsql100/data -l /data/pgsql100/log/postgres.log start
```

4. 从库配置

首先要说明的是从库也需要安装 PostgreSQL 数据库服务，需要 pg_basebackup 命令工具才能在从库上生成的 master 主库的基础备份。但是还要强调一点：从库上初始化数据库时指定的数据目录 "/data/psql110/data" 需要清空，才可以在从库上使用 pg_basebackup 命令工具来生成 master 主库的基础备份数据。

从此处开始配置从库（10.0.0.110），首先要通过 pg_basebackup 命令行工具在从库上生成基础备份：

```
[antdb@localhost data]$ pg_basebackup -h 10.0.0.100 -U replica -p 10280
-F p -x -P -R -D /data/psql110/data/ -l replbackup
Password: 密码（replica）
46256/46256 kB (100%), 1/1 tablespace
```

简单做一下参数说明（可以通过 pg_basebackup --help 进行查看）：

● -h：指定连接的数据库的主机名或ip地址，这里就是主库的ip。

● -U：指定连接的用户名，此处是刚才创建的专门负责流复制的repl用户。

● -F：指定了输出的格式，支持p（原样输出）或者t（tar格式输出）。

● -x：表示备份开始后，启动另一个流复制连接从主库接收WAL日志。

● -P：表示允许在备份过程中实时地打印备份的进度。

- -R：表示会在备份结束后自动生成recovery.conf文件，这样也就避免了手动创建。

- -D：把备份写到指定目录，这里尤其要注意一点就是做基础备份之前从库的数据目录（/data/psql110/data/）需要手动清空。

- -l：表示指定一个备份的标识。

```
[antdb@localhost data]$ cat /data/psql110/data/recovery.conf
standby_mode = 'on'
primary_conninfo = 'user=replica password=replica host=10.0.0.100
port=10280 sslmode=prefer sslcompression=1 krbsrvname=postgres'
```

运行命令后看到如下进度提示就说明生成基础备份成功：

```
[antdb@localhost data]$ pg_basebackup -h 10.0.0.100 -U replica -p
10280 -F p -x -P -R -D /data/psql110/data/ -l replbackup
Password: 密码 (replica)
46256/46256 kB (100%),1/1 tablespace
[antdb@localhost data]$
```

如上由于在 pg_hba.conf 中指定的 MD5 认证方式，所以需要输入密码。最后还需要修改一下从库数据目录下的 postgresql.conf 文件，将 hot_standby 改为启用状态，即 hot_standby=on。到此为止就算配置结束了，现在可以启动从库：

```
[antdb@localhost data]$ egrep -v '^#|^$' /data/psql110/data/
postgresql.conf|grep "hot_standby"
    wal_level = hot_standby              # minimal,archive,hot_standby,or
logical
    hot_standby = on                # "on" allows queries during recovery
[antdb@localhost data]$ pg_ctl -D /data/psql110/data -l /data/
psql110/log/postgres.log start
    server starting
```

从库上查看流复制进程：

```
[antdb@localhost data]$ ss -lntup|grep postgres
    tcp     LISTEN     0         128                          :::10280
:::*       users:(("postgres",23161,4))
    tcp     LISTEN     0         128                          *:10280
*:*        users:(("postgres",23161,3))
[antdb@localhost data]$ ps -ef|grep postgres
root       5663   4716   0 18:12 pts/0    00:00:00 su - postgres
postgres   5664   5663   0 18:12 pts/0    00:00:00 -bash
```

```
    postgres   5855   5664  0 18:13 pts/0    00:00:00 /bin/bash /usr/local/
pgsql/bin/psql
    postgres   5857   5855  0 18:13 pts/0    00:00:00 /usr/local/pgsql/
bin/psql.bin
    root      12406   7244  0 18:34 pts/1    00:00:00 su - postgres
    postgres  12407  12406  0 18:34 pts/1    00:00:00 -bash
    root      13861  13810  0 18:47 pts/3    00:00:00 su - postgres
    postgres  13862  13861  0 18:47 pts/3    00:00:00 -bash
    root      21768  21736  0 19:54 pts/2    00:00:00 su - postgres
    postgres  21769  21768  0 19:54 pts/2    00:00:00 -bash
    postgres  23161      1  0 20:05 pts/2    00:00:00 /usr/local/pgsql/
bin/postgres -D /data/psql110/data
    postgres  23164  23161  0 20:05 ?        00:00:00 postgres:startup
process   recovering 000000010000000000000007
    postgres  23165  23161  0 20:05 ?        00:00:00 postgres:checkpointer
process
    postgres  23166  23161  0 20:05 ?        00:00:00 postgres:writer
process
    postgres  23167  23161  0 20:05 ?        00:00:00 postgres:stats
collector process
    postgres  23168  23161  0 20:05 ?        00:00:00 postgres:wal
receiver process   streaming 0/7000140
    postgres  23240  21769  0 20:06 pts/2    00:00:00 ps -ef
    postgres  23241  21769  0 20:06 pts/2    00:00:00 grep postgres
```

主库上查看流复制进程:

```
[antdb@localhost pg_xlog]$ ps -ef|grep postgres
    root       2904   2642  0 00:40 pts/0    00:00:00 su - postgres
    postgres   2905   2904  0 00:40 pts/0    00:00:00 -bash
    postgres   2939      1  0 00:42 pts/0    00:00:00 /usr/local/pgsql/
bin/postgres -D /data/pgsql100/data
    postgres   2941   2939  0 00:42 ?        00:00:00
postgres:checkpointer process
    postgres   2942   2939  0 00:42 ?        00:00:00 postgres:writer
process
    postgres   2943   2939  0 00:42 ?        00:00:00 postgres:wal writer
process
    postgres   2944   2939  0 00:42 ?        00:00:00
postgres:autovacuum launcher process
    postgres   2945   2939  0 00:42 ?        00:00:00 postgres:stats
collector process
    root       3109   3064  0 00:58 pts/2    00:00:00 su - postgres
```

```
postgres    3110    3109   0 00:58 pts/2     00:00:00 -bash
postgres    3151    3110   0 00:59 pts/2     00:00:00 /bin/bash /usr/
local/pgsql/bin/psql -p10280
postgres    3153    3151   0 00:59 pts/2     00:00:00 /usr/local/pgsql/
bin/psql.bin -p10280
root        3189    3087   0 01:07 pts/3     00:00:00 su - postgres
postgres    3190    3189   0 01:07 pts/3     00:00:00 -bash
postgres    3272    2939   0 01:25 ?         00:00:00 postgres:postgres
testdb01 [local] idle
postgres    3415    2939   0 02:16 ?         00:00:00 postgres:wal
sender process replica 10.0.0.110(34021)streaming 0/7000140
postgres    3422    3190   0 02:17 pts/3     00:00:00 ps -ef
postgres    3423    3190   0 02:17 pts/3     00:00:00 grep postgres
```

此时从库上可以看到流复制的进程，同样主库也能看到该进程。表明主从流复制配置成功。

同步测试演示：创建库和创建表做测试，在 master 服务器（10.0.0.100）中创建 testdb02 库，并且建一张表，添加几条数据。

master 上操作：

```
postgres=# create database testdb02;
CREATE DATABASE
```

检查：

[antdb@localhost pg_xlog]$ psql -p10280 -c '\list '|grep testdb02

```
 testdb02  | postgres | UTF8     | en_US.UTF-8 | en_US.UTF-8 |
```

```
testdb01=# \c testdb02
You are now connected to database "testdb02" as user "postgres".
testdb02=# \d
No relations found.
```

创建表：

```
CREATE TABLE weather ( city varchar(80),temp_lo int,temp_hi
int,prcp real,date date);
testdb02=# \d
          List of relations
 Schema  |  Name   |  Type  |  Owner
--------+---------+-------+----------
 public  | weather | table | postgres
(1 row)
```

```
testdb02=# \d weather
          Table «public.weather»
  Column   |         Type          | Modifiers
-----------+-----------------------+-----------
 city      | character varying(80) |
 temp_lo   | integer               |
 temp_hi   | integer               |
 prcp      | real                  |
 date      | date                  |

testdb02=#
testdb02=# INSERT INTO weather (city,temp_lo,temp_hi,prcp,date)
VALUES ('China05','47','59','1.0','1994-12-15');
INSERT 0 1
testdb02=# INSERT INTO weather (city,temp_lo,temp_hi,prcp,date)
VALUES ('China04','46','58','2.0','1994-12-14');\
INSERT 0 1
testdb02=# select * from weather;
   city   | temp_lo | temp_hi | prcp |    date
----------+---------+---------+------+------------
 China05  |      47 |      59 |    1 | 1994-12-15
 China04  |      46 |      58 |    2 | 1994-12-14
(2 rows)
testdb02=#
```

从库上检查：

```
[antdb@localhost data]$  psql -p10280 -c '\list'|grep testdb02
 testdb02 | postgres | UTF8    | en_US.UTF-8 | en_US.UTF-8 |

postgres=# \c testdb02;
You are now connected to database "testdb02" as user "postgres".
testdb02=# \d
          List of relations
 Schema |  Name   | Type  |  Owner
--------+---------+-------+----------
 public | weather | table | postgres
(1 row)

testdb02=# \d weather;
          Table «public.weather»
  Column   |         Type          | Modifiers
-----------+-----------------------+-----------
 city      | character varying(80) |
```

```
temp_lo  | integer         |
temp_hi  | integer         |
prcp     | real            |
date     | date            |

testdb02=# select * from weather;
  city    | temp_lo | temp_hi | prcp |    date
---------+---------+---------+------+------------
 China05  |      47 |      59 |    1 | 1994-12-15
 China04  |      46 |      58 |    2 | 1994-12-14
(2 rows)
testdb02=#
```

可以看到完美同步，那么从库是否能删除呢？下面测试一下。

从库上测试删除数据库 testdb02：

```
postgres=# drop database testdb02;
ERROR: cannot execute DROP DATABASE in a read-only transaction
postgres=# drop database testdb01;
ERROR: cannot execute DROP DATABASE in a read-only transaction
```

Standby 的数据无法删除，正如之前说的，Standby 只提供只读服务，而只有 master 才能进行读写操作，所以 master 才有权限删除数据。master 删除的同时 Standby 中的数据也将同步删除，查看复制状态，主库中执行操作，具体如图 6-6 所示。

```
postgres=# \x
Expanded display is on.
postgres=# select * from pg_stat_replication;
-[ RECORD 1 ]----+----------------------------
pid              | 220344          #进程
usesysid         | 10              #复制用户id
usename          | mass            #复制用户名
application_name | gcs1_local
client_addr      | 10.21.10.145    #复制客户端地址
client_hostname  |
client_port      | 43684           #复制客户端端口
backend_start    | 2022-03-04 10:12:28.166092+08 #这个主从搭建的时间
backend_xmin     |
state            | streaming       #同步状态 startup: 连接中、catchup: 同步中、streaming: 同步
sent_lsn         | 0/75C0820       #Master传送WAL的位置
write_lsn        | 0/75C0820       #Slave接收WAL的位置
flush_lsn        | 0/75C0820       #Slave同步到磁盘的WAL位置
replay_lsn       | 0/75C0820       #Slave同步到数据库的WAL位置
write_lag        | 00:00:00.000295
flush_lag        | 00:00:00.000634
replay_lag       | 00:00:00.000838
sync_priority    | 1               #同步Replication的优先度，其中数字越小优先度越高
sync_state       | sync #有三个值，async: 异步、sync: 同步、potential: 虽然现在是异步模式，但是有可能升级到同步模式
reply_time       | 2022-03-07 11:06:53.692711+08
```

图 6-6　主库中复制状态

6.3.3　同步流复制方案

同步方式事务会在主库等待至少一个备库接收日志流发出确认信息后便返回成功。很明显，同步会增加相应时间，但是保证了数据的一致性，在资源允许的情况下，可以一主多备且采取一个备库同步，多个备库异步方式。

1. 同步环境搭建

```
master:172.17.0.3
standby01:172.17.0.8
standby02:172.17.0.9
docker stop pg_hot_standby02
docker stop pg_hot_standby01
docker stop pg_hot_master
docker rm -f pg_hot_master
```

2. 配置主库 172.17.0.3

```
docker run -itd --privileged -v /sys/fs/cgroup:/sys/fs/cgroup -p
50000:5432 --name pg_hot_master centos_pg /usr/sbin/init
docker exec -it pg_hot_master /bin/bash
cd /var/lib/pgsql/9.6/data/
create user repli replication password '123456';
```

在主库上修改 pg_hba.conf：

```
host replication repli 0.0.0.0/0 md5
```

修改 postgresql.conf：

```
max_wal_senders = 10
wal_level = hot_standby
wal_keep_segments = 32
hot_standby = on
synchronous_standby_names ='standby01,standby02'
/usr/pgsql-9.6/bin/pg_ctl restart -- 重新配置主库
```

3. 配置备库 172.17.0.8 172.17.0.9

```
docker run -itd --privileged -v /sys/fs/cgroup:/sys/fs/cgroup -p
50001:5432 --name pg_hot_standby01 centos_pg /usr/sbin/init
docker exec -it pg_hot_standby01 /bin/bash
docker run -itd --privileged -v /sys/fs/cgroup:/sys/fs/cgroup -p
```

```
50002:5432 --name pg_hot_standby02 centos_pg /usr/sbin/init
   docker exec -it pg_hot_standby02 /bin/bash
```

4. 在每一备库做处理

在每一备库做如下处理：

```
cd /var/lib/pgsql/9.6/data/
rm -rf /var/lib/pgsql/9.6/data/ -- 清空 data 文件夹
su - postgres
pg_basebackup -h 172.17.0.3 -U repli -F p -P -x -R -D /var/lib/pgsql/9.6/
data -l backup20180321 -- 从主库做基础备份，数据文件和配置文件都将复制到备库
```

对于备库 ip 是主库的 ip，修改 recovery.conf：

```
standby_mode = 'on'
primary_conninfo = 'user=repli password=123456 host=172.17.0.3
port=5432 sslmode=disable sslcompression=1 application_name=standby02'
   trigger_file ='/var/lib/pgsql/9.6/data/trigger.1921'
   recovery_target_timeline = 'latest'
   /usr/pgsql-9.6/bin/pg_ctl start -- 启动备库
```

5. 系统信息

```
select * from pg_stat_replication;
select pg_is_in_recovery();-- 主库是 false ; 备库是 true
```

6.4　基于触发器的同步方案

6.4.1　基于触发器的同步方案特点

基于触发器的数据库同步，可以将基于预先创建的触发器的一个数据库中所做的更改，反映到异构数据库系统中的另一个数据库中。增量同步一般是做实时同步，早期很多数据同步都是基于关系型数据库的触发器 trigger 来做的。

与传统同步过程相比，基于触发器的同步机制具有以下优势：

● **对大量数据集有效。**如果数据库超存储的数据量比较大，不必每次都执行完全同步。仅有的最近更改将反映在同步数据库中。

● **更快的速度同步。**同步器可以更快地复制数据库，因为它们仅由预先

创建的触发器处理更改的记录。

- **近实时同步**。基于触发器的同步系统允许根据需要频繁运行同步会话。如果记录被更改，则可以立即（或通过 Scheduler）进行同步会话。

- **配置简单**。配置基于触发器的同步非常简单，并且不需要任何开发人员级别的技术技能。

使用触发器实时同步数据的步骤如下：

（1）基于原表创触发器，触发器包括 insert、modify、delete 三种类型的操作，数据库的触发器分 Before 和 After 两种情况：一种情况是在 insert、modify、delete 三种类型的操作发生之前触发（比如记录日志操作，一般是 Before），另一种情况是在 insert、modify、delete 三种类型的操作之后触发。

（2）创建增量表，增量表中的字段和原表中的字段完全一样，但是需要多一个操作类型字段（分别代表 insert、modify、delete 三种类型的操作），并且需要一个唯一自增 id，代表数据原表中数据操作的顺序，这个自增 id 非常重要，不然数据同步就会错乱。

（3）原表中出现 insert、modify、delete 三种类型的操作时，通过触发器自动产生增量数据，插入增量表中。

（4）处理增量表中的数据时，一定要按照自增 id 的顺序来处理，不然数据会错乱。

6.4.2　基于触发器的同步软件介绍

Slony-I 是 PostgreSQL 领域中最广泛的复制解决方案之一。它不仅是最古老的复制实现之一，也是一个拥有最广泛的外部工具支持的工具，比如 pgAdmin3。

Slony-I 是一个"主到多个从属"复制系统，用于支持级联的 PostgreSQL 同步和故障切换。

Slony-I 使用逻辑复制；Slony-I 一般要求表有主键，或者唯一键；Slony-I 的工作不是基于 PostgreSQL 事务日志的，而是基于触发器的，基于逻辑复制高可用性。

Slony-I 功能及特点如下：

● Slony-I 支持级联复制，一个节点为订阅者的同时，也可以作为下一级的数据提供者，数据的原始生产者对数据的修改，会在各级订阅者之间传播。

● Slony-I 可以在 PostgreSQL 的主要版本之间同步数据。

● Slony-I 可以在不同的硬件或操作系统之间同步数据。

● Slony-I 支持仅允许将部分表的数据同步到从数据库。

● Slony-I 支持将主数据库的一些表复制到一个从数据库，将其他表复制到另一个从数据库。

● Slony-I 集群中的各节点上都需要有 slon 守护进程，以处理复制中的事件，例如，配置事件、同步事件。

● Slony-I 可以通过 slonik 工具进行管理和配置，其具备处理脚本的能力。

Slony-I 架构图如图 6-7 所示。

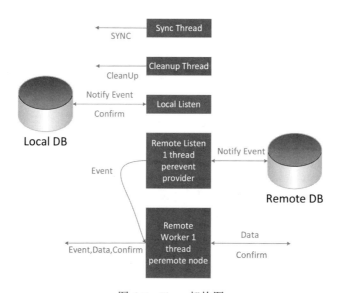

图 6-7 Slony 架构图

相关处理线程说明如下：

● 同步线程：同步线程维护一个到本地数据库的连接。在一个可配置间隔周期内，同步线程检查数据变更，然后通过调用 CreateEvent() 函数生成一个同步事件，同步线程不会和其他线程发生交互。

● 清理线程：清理线程维护一个到本地数据库的连接。在一个可配置的时间间隔内，它调用Cleanup()存储过程，该过程将删除旧的confirm、event和日志数据。在另一个时间间隔中，它清空confirm、event和log表。清理线程不会和其他线程发生交互。

● 本地侦听线程：本地侦听线程维护一个到本地数据库的连接。它等待"事件"通知并扫描源自本地节点的事件。当接收到由管理程序调用存储过程以更改群集配置引起的新配置事件时，它将相应地修改复制引擎的内存中的配置。

● 远程侦听线程：每个远程节点都有一个远程侦听线程，侦听本地节点（事件提供程序）接收事件。不管集群中有多少节点，一个典型的叶子节点只有一个远程侦听线程，因为它通过同一个提供程序接收来自所有来源的事件。远程侦听线程维护一个到其事件提供程序的数据库连接。在接收到事件或确认的通知后，它从相应的表中选择新的信息，并将它们提供给工作线程的相应内部消息队列。引擎为每个远程节点启动一个特定远程节点的工作线程（见下文）。消息在内部消息队列上转发到此节点特定的工作进程以进行处理和确认。

● 远程工作线程：每个远程节点都有一个远程工作线程。远程工作线程维护一个本地数据库连接，以执行实际的复制数据应用程序、事件存储和确认。工作线程处理的远程节点上的每个集合都有一个数据提供程序。在这些集合上，工作线程通过不同的数据提供程序维护一个数据库连接以执行实际的复制数据选择。远程工作线程在其内部消息队列上等待远程侦听线程转发的事件。然后，它处理这些事件，包括数据选择和应用程序，以及确认。这还包括维护引擎内存中的配置信息。

● Slony-I使用约束：Slony-I具备强大逻辑复制功能，但也有些限制，例如，大对象的复制、DDL复制、用户权限复制等。

Slony-I只能同步以下内容：

● 表数据（不能同步DDL，表必须含有主键或者唯一键）。

● 序列。

Slony-I 不能自动同步以下内容：

● 对大对象（BLOBS）的变更。

● 对DDL（数据定义语句）的变更。

● 对用户和角色的变更。

6.5　基于中间件的高可用方案

6.5.1　基于中间件的高可用方案的特点

高可用方案应具备但不限于以下特征：

（1）主从切换。

很好理解，当其中一台机器的服务宕机后，对于服务调用者来说，能够迅速地切换到其他可用服务，从服务升级为主服务，这种切换速度应当控制在秒级别（几秒钟）。

当宕机的服务器恢复之后，自动变为从服务器，主从服务器角色切换。主从切换一定是要付出代价的，所以当主服务器恢复之后，也就不再替换现有的主服务器。

（2）负载均衡。

当服务的请求量比较高的时候，一台服务器不能满足需求，这时候需要多台服务器提供同样的服务，将所有请求分发到不同机器上。

高可用架构中应该具有丰富的负载均衡策略和易调节负载的方式。

甚至可以自动化智能调节，例如由于服务器性能的原因，响应时间可能不一样，这时候可以向性能差的服务器少一点分发量，保证各个服务器响应时间的均衡。

（3）易横向扩展。

当用户量越来越多，已有服务不能承载更多的用户的时候，便需要对服务进行扩展，扩展的方式最好是不触动原有服务，对于服务的调用者是透明的。

6.5.2　基于中间件的开源软件介绍

业务中可接触到 6 种高可用方案。

1. LVS+Keepalive

虚拟的 Linux 机器 Linux Virtual Server、LVS，这个名称再恰当不过了。

在多台 Linux 机器上安装 IPVS 和 Keepalive，IPVS 实际上是一个虚拟的 Linux 服务，具有 Linux 机器的部分功能，各个机器上分别启动一个 Linux 虚拟服务（虚拟机），这些 Linux 虚拟服务（虚拟机）设置为同一个 IP（称为虚 IP），这样在一个内网中就只能有一个 linux 虚拟服务能够抢占到这个虚 IP。所有的请求都指向这一个虚 IP，假如抢占到虚 IP 的机器宕机了，这时候其他 Linux 虚拟服务就会有其中一个抢占到虚 IP，对于服务调用者来说，仍然可以访问到服务。Keepalive 的作用就是用来检测 Linux 虚拟服务是否正常。

Keepalived 是 Linux 下一个轻量级别的高可用解决方案。称为存活检测机制。起初针对 LVS 进行研发，专门用来监控集群系统中各个服务节点的状态。如果负载调度器出现故障，Keepalive 检测到以后将故障点直接从集群中剔除。支持故障自动切换和节点健康状态检查。

其通过 VRRP 协议（虚拟路由冗余协议）来实现容错保证。它通过把几台路由设备连接组成一台虚拟的路由设备，并通过一定的机制来保证当主机的下一跳设备出现故障时，可以及时将业务切换到设备，从而保持通信的连续性和可靠性。

VRRP 将局域网内的一组路由器划分在一起，称为一个备份组。备份组由一个 Master 路由器和多个 Backup 路由器组成，功能上相当于一台虚拟路由器。局域网内的主机只需要知道这个虚拟路由器的 IP 地址，并不需知道具体是哪一台设备的 IP 地址，将网络内主机的缺省网关设置为该虚拟路由器的 IP 地址，主机就可以利用该虚拟网关与外部网络进行通信。VRRP 将该虚拟路由器动态关联到承担传输业务的物理路由器上，当该物理路由器出现故障时，再次选择新路由器来接替业务传输工作，整个过程对用户完全透明，实现了内部网络和外部网络不间断通信。

Keepalive 的工作流程：

● Initialize模式。

设备启动时进入此状态，当接收到 Startup 接口的消息，将转入 Backup 或 Master 状态（IP 地址拥有者的接口优先级为255，直接转为 Master）。在此状态时，不会对 VRRP 报文做任何处理。

● Master模式。

（1）定期发送 VRRP 报文。

（2）以虚拟 MAC 地址响应对虚拟 ip 地址的 ARP 请求。

（3）转发目的标 MAC 地址为虚拟 MAC 地址的 ip 报文。

（4）如果它是这个虚拟 ip 地址的拥有者，则接收目的 ip 地址为这个虚拟 ip 地址的 ip 报文。否则，丢弃这个 ip 报文。

（5）如果收到比自己优先级大的报文则转为 Backup 状态。

（6）如果收到优先级和自己相同的报文，并且发送端的 ip 地址比自己的 ip 地址大，则转为 Backup 状态。

（7）当接收到接口的 Shutdown 事件时，转为 Initialize（初始状态）。

● Backup模式。

（1）接收 Master 发送的 VRRP 报文，判断 Master 的状态是否正常。

（2）对虚拟 ip 地址的 ARP 请求，不做响应。

（3）丢弃目的 MAC 地址为虚拟 MAC 地址的 ip 报文。

（4）丢弃目的 ip 地址为虚拟 ip 地址的 ip 报文。

（5）Backup 状态下如果收到比自己优先级小的报文，丢弃报文，立即切换为 Master（仅在抢占模式下生效）。

（6）如果收到优先级和自己相同或者比自己高的报文，则重置定时器，不进一步比较 ip 地址。

（7）当接收到接口的 Shutdown 事件时，转为 Initialize。

（8）如果 MASTER_DOWN_INTERVAL 定时器超时，则切换为 Master。

Keepalive 的各项功能：

（1）后端节点健康状态检测。目的：搭配 LVS 使用，当后端节点出现故障时。主动剔除出集群，使集群后端节点出现故障时用户可以较为畅通地访问相应的资源。

（2）脚本调用。脚本所在目录：/etc/keepalive/script/。

（3）服务检测脚本：当 Keepalive 对其他服务（非 LVS）进行高可用时，使服务器出现故障时可迅速切换至从节点，使用户仍可以正常访问后端真实服务器。

切换至主节点脚本：当从节点承当负载调度器的角色时，需获取一些资源，比如目录的挂载。

切换至关闭状态脚本：当该服务器需要关闭时，需释放一些资源，以免多台调度器同时写入某文件以致文件损坏。

（4）非抢占模式。在主节点和备节点性能相差不大时采用非抢占模式，可减少资源的浪费和提升用户体验（减少用户不能使用的时间）。

在非抢占模式中，配置文件中应都为备份模式。

2. Nginx

Nginx 本是一个反向代理服务器，但由于丰富的负载均衡策略，常常被用于客户端可真实的服务器之间，作为负载均衡的实现。

正向代理：被代理的是客户端，比如通过 ×× 代理访问国外的某些网站。当客户端没有权限访问国外的网站，客户端可以请求 ×× 代理服务器，×× 代理服务器访问国外网站，将国外网站返回的内容传给真正的用户。用户对于服务器是隐藏的，服务器并不知道真实的用户。

反向代理：被代理的是服务器，也就是客户端访问了一个所谓的服务器，服务器会将请求转发给后台真实的服务器，真实的服务器做出响应，通过代理服务器将结果返回给客户端。服务器对于用户来说是隐藏的，用户不知道真实的服务器是哪个。

用 Nginx 做实现服务的高可用，Nginx 本身可能成为单点，有两种解决方案，一种是公司搭建自己的 DNS，将请求解析到不同的 Nginx，另一种是配合 Keepalive 实现服务的存活检测。如图 6-8 所示。

相对于传统基于进程或线程的模型（Apache 就采用这种模型）在处理并发连接时会为每一个连接建立一个单独的进程或线程，且在网络或者输入 / 输出操作时阻塞。这将会大量消耗内存和 CPU，因为新起一个单独的进程或线程需要准备新的运行环境，包括堆和栈内存的分配，以及新的执行上下文，当然，这些也会导致多余的 CPU 消耗。最终，会由于过多的上下文切换导致服务器性能变差。

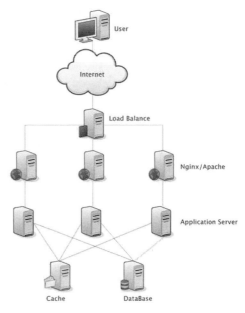

反过来，Nginx 的架构设计采用模块化、基于事件驱动、异步、单线程且非阻塞。

Nginx 大量使用多路复用和事件通知，Nginx 启动以后，会在系统中以 daemon 的方式在后台运行，其中包括一个 master 进程，n（$n \geqslant 1$）

图 6-8　NGINX 工作原理图

个 worker 进程。所有的进程都是单线程（即只有一个主线程）的，且进程间通信主要使用共享内存的方式。

其中，master 进程用于接收来自外界的信号，并给 worker 进程发送信号，同时监控 worker 进程的工作状态。worker 进程则是外部请求真正的处理者，每个 worker 请求相互独立且平等的竞争来自客户端的请求。请求只能在一个 worker 进程中被处理，且一个 worker 进程中只有一个主线程，所以只能同时处理一个请求。（原理与 Netty 类似）

Nginx 负载均衡主要是对七层网络通信模型中的第七层应用层上的 http、https 进行支持。Nginx 是以反向代理的方式进行负载均衡的。反向代理（Reverse Proxy）方式是指以代理服务器来接收 Internet 上的连接请求，然后将请求转发给内部网络上的服务器，并将从服务器上得到的结果返回给 Internet 上请求连接的客户端，此时代理服务器对外表现为一个服务器。

Nginx 实现负载均衡的分配策略有很多，Nginx 的 upstream 目前支持以下几种方式：

- 轮询（默认）：每个请求按时间顺序逐一分配到不同的后端服务器，如果后端服务器宕机，能自动剔除。

- weight：指定轮询概率，weight 和访问比率呈正比，用于后端服务器性能不均的情况。

- ip_hash：每个请求按访问 ip 的 Hash 结果分配，这样每个访客固定访问一个后端服务器，可以解决 session 的问题。

- fair（第三方）：按后端服务器的响应时间来分配请求，响应时间短的优先分配。

- url_hash（第三方）：按访问 url 的 Hash 结果来分配请求，使每个 url 定向到同一个后端服务器，后端服务器为缓存时比较有效。

3. Zookeeper

Zookeeper 分布式服务框架是 Apache Hadoop 的一个子项目，主要用来解决分布式应用中经常遇到的一些数据管理问题，如统一命名服务、状态同步服务、集群管理、分布式应用配置项的管理等。

简单来说，Zookeeper = 文件系统 + 通知机制。Zookeeper 提供了以下服务：

1）文件系统

Zookeeper 维护一个类似文件系统的数据结构，结果如图 6-9 所示。

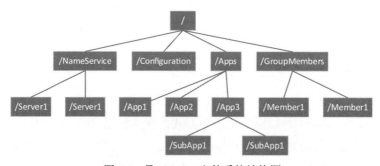

图 6-9　Zookeeper 文件系统结构图

每一个子目录项，如 NameService 都被称作 znode，和文件系统一样，能够自由地增加、删除 znode，在一个 znode 下增加、删除子 znode，唯一的不同在于 znode 是可以存储数据的。有四种类型的 znode：

（1）PERSISTENT，持久化目录节点：

客户端与 Zookeeper 断开连接后，该节点依旧存在。

（2）PERSISTENT_SEQUENTIAL，持久化顺序编号目录节点

客户端与 Zookeeper 断开连接后，该节点依旧存在，只是 Zookeeper 给该节点名称进行顺序编号。

（3）EPHEMERAL，临时目录节点：

客户端与 Zookeeper 断开连接后，该节点被删除。

（4）EPHEMERAL_SEQUENTIAL，临时顺序编号目录节点：

客户端与 Zookeeper 断开连接后，该节点被删除，只是 Zookeeper 给该节点名称进行顺序编号。

2）通知机制

客户端注册监听它关心的目录节点，目录节点发生变化（数据改变、被删除、子目录节点增加删除）时，Zookeeper 会通知客户端。

Zookeeper 能提供如下服务：

（1）命名服务。

在 Zookeeper 的文件系统里创建一个目录，即有唯一的 path。在使用 tborg 无法确定上游程序的部署机器时即可与下游程序约定好 path，通过 path 即能完成互相探索。

（2）配置服务。

程序是需要配置的，如果程序分散部署在多台机器上，想要逐个改变配置则变得困难。现在把这些配置全部放到 Zookeeper 上，保存在 Zookeeper 的某个目录节点中，然后所有相关应用程序对这个目录节点进行监听，一旦配置信息发生变化，每个应用程序就会收到 Zookeeper 的通知，然后从 Zookeeper 获取新的配置信息应用到系统中。

（3）集群管理。

● 是否有机器退出。

所有机器约定在父目录 GroupMembers 下创建临时目录节点，然后监听父目录节点的子节点变化消息。一旦有机器宕机，该机器与 Zookeeper 的连接断开，其所创建的临时目录节点被删除，所有其他机器都收到某个兄弟目录被删除的通知，于是，所有机器都知道了。新机器加入也是类似，所有机器收到新兄弟

目录加入的通知，highcount 又有了。

● 选举master。

所有机器创建临时顺序编号目录节点，每次选取编号最小的机器作为 master 即可。

（4）分布式锁。

锁服务可以分为两类：一类是保持独占；另一类是控制时序。

对于第一类，将 Zookeeper 上的一个 znode 看作一把锁，通过 createznode 的方式来实现。所有客户端都去创建 /distribute_lock 节点，最终成功创建的那个客户端也即拥有了这把锁。用完删除掉自己创建的 distribute_lock 节点释放出锁。

对于第二类，/distribute_lock 节点已经预先存在，所有客户端在它下面创建临时顺序编号目录节点，与选 master 类似，编号最小的获得锁，用完删除，依次类推。

（5）队列管理。

如下为两种类型的队列：

● 同步队列，当一个队列的成员都聚齐时，这个队列才可用，否则一直等待所有成员到达。

● 队列按照 FIFO 方式进行入队和出队操作。

第一类，在约定目录下创建临时目录节点，监听节点数目是否为要求的数目。

第二类，和分布式锁服务中的控制时序场景基本原理一致，入列有编号，出列按编号。

终于知道能用 Zookeeper 做什么了，总是想了解 Zookeeper 是如何做到这一点的，单点维护一个文件系统没有什么难度，可是如果一个集群维护一个文件系统保持数据的一致性就非常困难了。

3）分布式与数据复制

Zookeeper 作为一个集群提供一致的数据服务，因此它要在所有机器间做数据复制。数据复制的好处如下：

（1）容错。一个节点出错，不至于让整个系统停止工作，别的节点可以接管它的工作。

（2）提高系统的扩展能力 。把负载分布到多个节点上，或者增加节点来提高系统的负载能力。

（3）提高性能。让客户端本地访问就近的节点，提高用户访问速度。

从客户端读写访问的透明度来看，数据复制集群系统分为下面两种：

● 写主（Write Master）：对数据的修改提交给指定的节点。读无此限制，可以读取任何一个节点。这种情况下客户端需要对读与写进行区别，俗称读写分离。

● 写任意（Write Any）：对数据的修改可提交给任意的节点，跟读一样。这种情况下，客户端对集群节点的角色与变化透明。

对 Zookeeper 来说，它采用的方式是写任意。通过增加机器，它的读吞吐能力和响应能力扩展性非常好。而随着机器的增多写吞吐能力肯定下降（这也是它建立 observer 的原因），而响应能力则取决于具体实现方式，是延迟复制保持最终一致性，还是立即复制快速响应。

关注的重点还是在如何保证数据在集群所有机器的一致性，这就涉及Paxos 算法。

4）数据一致性与 Paxos 算法

在一个分布式数据库系统中，如果各节点的初始状态一致，每个节点都执行相同的操作序列，那么它们最后能得到一个一致的状态。

Paxos 算法就是保证每个节点执行相同的操作序列。master 维护一个全局写队列，所有写操作都必须放入这个队列并进行编号，那么无论写多少个节点，只要写操作是按编号来，就能保证一致性。可是如果 master 宕机了呢。

Paxos 算法通过投票来对写操作进行全局编号，同一时刻，只有一个写操作被批准，同时并发的写操作要去争取选票，只有获得过半数选票的写操作才会被批准（所以永远只会有一个写操作得到批准），其他的写操作竞争失败只好再发起一轮投票，就这样，在一次又一次的投票中，所有写操作都被严格编号排序。编号严格递增，当一个节点接收了一个编号为 100 的写操作，之后又接收到编号为 99 的写操作（因为网络延迟等不可预见原因），它马上能意识到自己的数据不一致了，自动停止对外服务并重启同步过程。任何一个节点宕机都不会影响整个集群的数据一致性（总 $2n+1$ 台，除非挂掉大于 n 台）。

系统模型如图 6-10 所示：

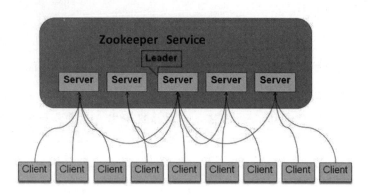

图 6-10　Zookeeper 工作系统模型图

4. 由客户端实现的高可用方案

以 MemCache 为例，客户端同时与多个服务保持连接，按照一定的规则去调用服务，当服务器宕机之后，重新调整规则。当然，如果服务器不做主从备份，可能会造成部分数据丢失。

MemCache 是一个自由、源码开放、高性能、分布式的内存对象缓存系统，用于动态 Web 应用可减轻数据库的负载。它通过在内存中缓存数据和对象来减少读取数据库的次数，从而提高网站访问的速度。MemCache 是一个存储键值对的 HashMap，在内存中对任意的数据（比如字符串、对象等）所使用的 Key-Value 存储，数据可以来自数据库调用、API 调用，或者页面渲染的结果。

MemCache 一次写缓存的流程：

（1）应用程序输入需要写缓存的数据。

（2）API 将 Key 输入路由算法模块，路由算法根据 Key 和 MemCache 集群服务器列表得到一台服务器编号。

（3）由服务器编号得到 MemCache 及其 ip 地址和端口号。

（4）API 调用通信模块和指定编号的服务器通信，将数据写入该服务器，完成一次分布式缓存的写操作。

读缓存和写缓存一样，只要使用相同的路由算法和服务器列表，应用程序查询的是相同的 Key，MemCache 客户端总是访问相同的客户端去读取数据，只要服务器中还缓存着该数据，就能保证缓存命中。

5. 服务之间通信实现高可用

这种经典的案例就是 Redis，各个 Redis 之间保持通信，当主服务器宕机之后从服务器就会升为主服务器。对于客户端来说几乎是透明的。

Redis 高可用有三种模式：主从模式、哨兵模式、集群模式。

1）主从模式

一般，系统的高可用都是通过部署多台机器来实现。Redis 为了避免单点故障，也需要部署多台机器。因为部署了多台机器，所以就会涉及不同机器的数据同步问题。为此，Redis 提供了复制（replication）功能，当一台 Redis 数据库中的数据发生了变化，该变化会被自动的同步到其他的 Redis 机器上去。

Redis 多机器部署时，这些机器节点会被分成两类：一类是主节点（Master 节点）；另一类是从节点（Slave 节点）。一般主节点可以进行读、写操作，而从节点只能进行读操作。同时由于主节点可以写，数据会发生变化，当主节点的数据发生变化时，会将变化的数据同步给从节点，这样从节点的数据就可以和主节点的数据保持一致了。一个主节点可以有多个从节点，但是一个从节点只会有一个主节点，也就是所谓的一主多从结构。

2）哨兵模式

在主从模式下，当主服务器宕机后，需要手动把一台从服务器切换为主服务器，这时需要人工干预，费时费力，还会造成一段时间内服务不可用，因此并不推荐该方式，实际生产中，优先考虑哨兵模式。这种模式下，Master 宕机，哨兵会自动选举 Master 并将其他的 Slave 指向新的 Master。

在主从模式下，Redis 同时提供了哨兵命令 redis-sentinel，哨兵是一个独立的进程。其原理是哨兵进程向所有的 Redis 机器发送命令，等待 Redis 服务器响应，从而监控运行的多个 Redis 实例。

哨兵可以有多个，一般为了便于决策选举，使用奇数个哨兵。哨兵可以和

Redis 机器部署在一起，也可以部署在其他的机器上。多个哨兵构成一个哨兵集群，哨兵也会直接相互通信，以检查哨兵是否运行正常，同时发现 Master 宕机哨兵之间会进行决策选举新的 Master。

哨兵模式的作用为，通过发送命令，让 Redis 服务器返回监控其运行的状态，包括主服务器和从服务器。当哨兵监测到 Master 宕机，会自动将 Slave 切换到 Master，然后通过发布订阅模式通知其他的从服务器，修改配置文件，让它们切换主机。然而一个哨兵进程对 Redis 服务器进行监控，也可能会出现问题，为此，可以使用多个哨兵进行监控。各个哨兵之间还会进行监控，这样就形成了多哨兵模式。哨兵很像 Kafka 集群中的 Zookeeper 的功能。

3）集群模式

Redis 的哨兵模式基本已经可以实现高可用，读写分离，但是在这种模式下每台 Redis 服务器都存储相同的数据，很浪费内存空间，所以在 Redis 3.0 版本加入了 Cluster 集群模式，实现了 Redis 的分布式存储，对数据进行分片，也就是在每台 Redis 节点上存储不同的内容。

优势在于采用去中心化思想，数据按照 slot 存储分布在多个节点，节点间数据共享，可动态调整数据分布。可扩展性强，可线性扩展到 1000 多个节点，可动态添加或删除节点。高可用性上，部分节点不可用时，集群仍可用。通过增加 Slave 做 Standby 数据副本，能够实现故障自动 failover，节点之间通过 gossip 协议交换状态信息，用投票机制完成 Slave 到 Master 的角色提升。降低运维成本，提高系统的扩展性和可用性。

第 **7** 章　分布式数据库的发展展望

20 世纪 70 年，关系数据库诞生，一直到 2000 年互联网兴起前，其都是解决所有数据处理问题的"瑞士军刀"，精致而简洁。互联网的繁荣使得数据量加速膨胀，关系数据库扩展性差的缺点被显著放大。为了解决扩展性问题，一些公司选择了保留关系数据库核心能力，采用分库分表结合中间件的方案做替代。另一些公司选择放弃制约关系数据库扩展性的关系模型和事务支持，将数据之间原本固有的约束和关联关系从数据库转移给应用，这样无须再支持标准 SQL、Schema、ACID、优化器这些关系数据库的核心要素，通过极简设计换取最大的扩展性和性能，即所谓的 NoSQL。NoSQL 无疑是成功的，因为它满足了当时大数据最迫切的海量数据写入性能和存储问题，在各个场景应用。

谷歌在 2003 年到 2006 年发表了三篇论文 *The Google File System*、*MapReduce：Simplified Data Processing on Large Clusters*、*Bigtable：A Distributed Storage System for Structured Data* 介绍了 Google 如何对大规模数据进行存储和计算。这三篇论文开启了工业界的大数据时代，被称为 Google 的"三驾马车"。紧接着开源社区也出现了 Hadoop、HBase、Cassandra、MongoDB、Solar、ElasticSearch 等大数据组件。这些组件因为没有事务的 ACID 和 SQL 引擎，并且在各自的细分领域成功应用，于是这些大数据组件自我标榜为 NoSQL 数据库，以此来区分传统的关系型数据库，甚至曾经被过分宣传，出现过 NoSQL 取代 SQL 数据库的局面。但是随着 NoSQL 数据库的推广，很快它们的局限性也暴露出来：

- 不支持SQL。开发人员自己实现复杂的代码，进行聚集分析等。

- 不支持事务的ACID。实现大量代码处理数据不一致。

- 功能不全。HBase、Cassandra、MongoDB、ES等不支持关联，只得使用宽表，引起数据冗余，维护代价高；Hadoop不支持数据的实时增删改和索引查询，离线批处理还可以，实时在线处理不行。

● 使用低级查询语言。数据独立性差，灵活性差，维护代价高。

● 缺少标准接口。学习代价一般，应用使用代价高，需要大量"胶水"代码。

● 一个复杂业务系统涉及多个NoSQL组件，需搭配使用。数据冗余大，整合代价高。

● 人才和成本浪费。企业原先的大多数业务系统都是针对Oracle、SQLServer、MySQL等关系型数据库开发而来，积累了大量的SQL人才，如果切换到NoSQL数据库，那么企业需要招NoSQL人才或者让原先的SQL人才学习各种NoSQL数据库，这是对人力资源的浪费。另外，原先的业务系统切换到NoSQL数据库，需要做大量的开发，这对开发成本也是一种浪费。

以上这些都是放弃关系模型所必须付出的代价。后来NoSQL生态圈也意识到各自的局限性，纷纷借鉴了SQL数据库的特性，比如，Hadoop生态圈基于MapReduce推出Hive，方便使用SQL语句做复杂的分析，以及后来的Spark也有对应的SparkSQL，Flink也有对应的FlinkSQL、HBase、Cassandra、ES等也有类SQL的接口。这就难免招来不少同行的质疑，这些组件明明自我标榜NoSQL，为什么还采用SQL的解决方案？于是NoSQL生态圈的拥护者们纷纷出来辩解说NoSQL意指Not Only SQL（不仅仅是SQL）不是没有SQL。笔者在此不得不佩服人类语言的博大精深。

谷歌在2012年发表了论文 *Spanner：Google's Globally-Distributed Database*，2013年发表了论文 *F1：A Distributed SQL Database That Scales*，其中Spanner支持二级索引、分布式事务的ACID和主从副本的强一致性，F1具备SQL数据库的所有功能（OLTP，OLAP），最初是基于MySQL的，后来迁移到Spanner上。这证明了NoSQL的始作俑者谷歌自己也回归到SQL阵营。人们称这种具备SQL数据库所有特性的分布式数据库为NewSQL，称传统的SQL数据库为OldSQL。OldSQL、NoSQL、NewSQL的关系如图7-1所示。

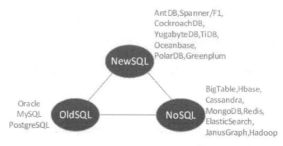

图7-1　OldSQL、NoSQL、NewSQL的关系

如果说数据库从传统的 SQL 向 NoSQL 发展是分的过程，那么从 NoSQL 向 NewSQL 发展就是合的过程。

数据库技术从传统 SQL 发展成为 NoSQL，最后又回归到 SQL 成为 NewSQL，不是在走弯路，而是技术发展的必经过程，当初由于分布式事务 ACID、数据强一致性、分布式 SQL 优化器和执行器难以实现，所以抛开这些特性重点实现分布式存储和计算，于是产生了 NoSQL，由于 NoSQL 没有标准，于是诞生了各种各样的 NoSQL 数据库：列族式数据库 HBase、Cassandra；文档型数据库 CouchDB、MongoDB；全文检索数据库 ElasticSearch；图形数据库 Neo4j、JanusGraph，等等，每种 NoSQL 数据库都有各自的优点和适用场景。但是人们对美好事物的追求总是永无止境，希望在这些 NoSQL 数据库上实现完整事务的 ACID 和数据强一致性，并且能够支持 SQL 方便使用，因为 SQL 语言是被证明了的最适合数据处理的语言而且有统一标准，于是诞生了 NewSQL 分布式数据库。

数据库技术最终回归到 SQL 并不代表 NoSQL 会走向消亡，因为每种 NoSQL 数据库都有各自的优点和适用场景，所以每种 NoSQL 数据库都有各自擅长的细分领域。NoSQL 数据库在各自细分领域的蓬勃发展，也给之后 NewSQL 分布式数据库的发展提供技术上的借鉴和启发，未来的 NewSQL 分布式数据库必然是融合传统 OLTP 和 OLAP（HTAP）功能基础上，进一步融合各细分领域 NoSQL 的特性，并且是存储计算分离的超融合（All In One）型数据库。

下面以分布式数据库 AntDB 为例讲解将来如何优化 OLTP 和 OLAP 性能、进一步融合各细分领域 NoSQL 的特性以及实现存算分离需要做的技术突破和设计思路。

7.1　分布式数据库优化方案

目前 AntDB 已经同时具备 OLTP 和 OLAP（HTAP）的能力，由于用户对性能的要求是永无止境的，所以还需要继续优化 OLTP 和 OLAP 的性能，针对 OLTP 的优化采用基于提交时间戳的 MVCC 机制，针对 OLAP 的优化采用列式存储和向量化执行引擎，下面举例说明 AntDB 在这两方面的具体优化方案。

7.1.1　OLTP性能优化

AntDB 已具备完整的 OLTP 功能，性能随着数据节点增多略呈线性增长。目前 AntDB 事务的并发性能存在两方面瓶颈：第一，数据节点的事务采用基于快照的可见性判断机制存在多核可扩展瓶颈；第二，分布式事务采用全局快照可见性判断机制存在单点瓶颈。具体平衡点分析如下。

AntDB 基于快照的事务可见性判断机制如图 7-2 所示。

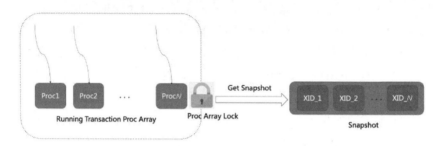

图 7-2　AntDB 基于快照的事务可见性判断机制

存在如下锁冲突竞争：

● 获取快照需要加共享锁遍历Proc Array。

● 事务结束时需要加锁清理自己的Proc。

● 有时还需要CLOG判断可见性，读写CLOG需要加读写锁。

AntDB分布式事务流程可参见图3-2，为方便阅读，复制于此，如图7-3所示。

存在如下单点瓶颈：

● 每次需要生成全局范围内的活跃事务XID列表，在GTM上管理活跃事务XID列表。

● 造成网络瓶颈和GTM的CPU瓶颈。

AntDB 接下来将采用基于提交时间戳的 MVCC 机制，消除基于快照的多核可扩展和全局快照单点瓶颈。

● 事务开始和提交时分配时间戳。

● 任意并发事务T1和T2。

● T1提交的修改对T2可见的条件：$T1.commit\_ts \leq T2.start\_ts$。

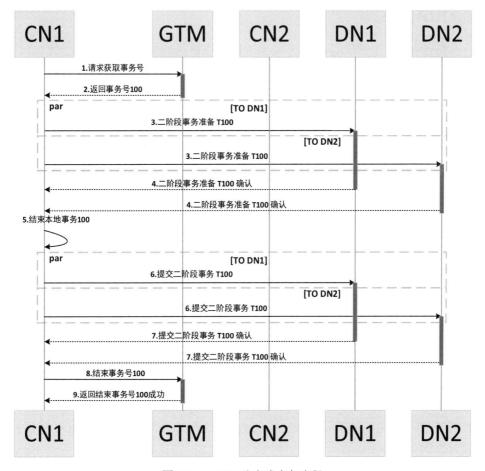

图 7-3　AntDB 分布式事务流程

GTM 不保存全局活跃事务 XID 列表，与分布式事务相关的分片节点选举出主节点，分布式事务提交时下发给主节点，由主节点进行二阶段提交，主节点保留分布式事务的状态和参与节点的信息，参与节点保留主节点的信息。分片节点根据各自的事务状态列表判断可见性，故障转移时，根据本地事务状态信息和节点信息恢复事务到故障点，决定未完成的事务是继续提交还是回滚。

7.1.2　OLAP性能优化

现阶段 AntDB 已经具备 OLAP 的所有功能，但在性能方面还需要进一步优化，主要在两个方面进行优化：列式存储和向量化执行引擎。下面分别加以说明。

1. 列式存储

列式存储在处理 OLAP 方面有如下几点优势：

这里简要地介绍列式存储的优势，详细解释参见论文 *ColumnStores vs. RowStores：How Different Are They Really*？

（1）数据以列连续存储，查询时只需读取相关的列，降低 I/O，提高查询效率。

（2）同一个列中数据类型相同，可以根据数据类型选择合适的编码和压缩方式，成倍地降低 I/O，进一步提高查询效率，查询时涉及解压过程，I/O 降低带来的性能提升明显大于解压带来的性能损耗，所以整体来讲性能是提升的。

（3）由于相同的列连续存储，查询时磁盘 I/O 是顺序读比随机读快很多，在计算时可以充分利用 CPU 的 Cache Line 和高速缓存，还可以使用 simd 指令进一步提高计算性能。

（4）延迟物化，把映射下推和谓词下推发挥到极致，大大提高查询效率。

要理解延迟物化，首先了解一下物化：为了能够把底层存储格式（面向 Column 的）和用户查询表达的意思（Row）对应上，在一个查询的生命周期的某个时间点，一定要把数据转换成 Row 的形式，这在 Column-Store 里面被称为物化（Materization）。

理解了物化的概念之后，延迟物化就很好理解了，即把这个物化的时机尽量地拖延到整个查询生命周期的后期。使参与中间计算的数据尽可能少。

举个例子：

```
select name from person where id  > 10 and age > 20;
```

一般（Naive）的做法是从文件系统读出三列的数据，马上物化成一行行的 person 数据，然后应用两个过滤条件：id > 10 和 age > 20，过滤完了之后从数据里面抽出 name 字段，作为最后的结果。

延迟物化的做法则先不拼出行式数据，直接在 Column 数据上分别应用两个过滤条件，从而得到两个满足过滤条件的 bitmap，然后再把两个 bitmap 做位与（bitwise AND）的操作，得到同时满足两个条件的所有 bitmap，因为最后用

户需要的是 name 字段，因此下一步拿着这些 position 对 name 字段的数据进行
过滤就得到了最终的结果。如图 7-4 所示。

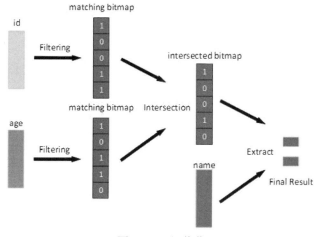

图 7-4　延迟物化

（5）隐式连接，采用延时物化的方法，使多表 join 过程，映射下推和谓
词下推发挥到极致，大大提高 join 查询效率。

举例：有一个星形结构的数仓模型，start-schema 是教科书般的测试模型，
因而适合用来做试验并验证本文的观点。如图 7-5 所示。

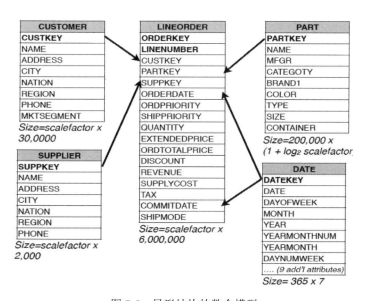

图 7-5　星形结构的数仓模型

- 下推相关条件到各个维度表，提炼出被事实表关联的主键列表（也就是事实表的外键），并构建对应的Hash table（Key是外键值，Value是外键在维度表中的position），如图7-6所示。

- 对多个事实表以外键关联维度表的列进行探测，查找对应的Hash table，过滤出多个Position List（与被关联的列相关），然后对多个Position List求交集（比如前文提到的Bitmap的AND计算等），得到一个最终的Position List，如图7-7所示。

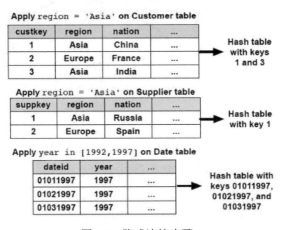

图 7-6　隐式连接步骤 1

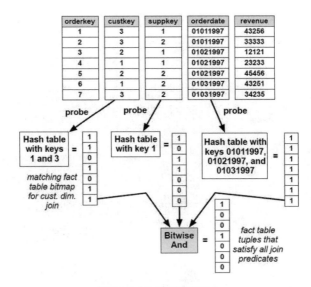

图 7-7　隐式连接步骤 2

- 基于前面的Position List，最终从事实表中找到需要投影的其他列，而通过Hash table从维度表找到需要投影的其他列，Hash table中的Value是维度表中的Position，所以可以快速定位维度表的其他列，如图7-8所示。

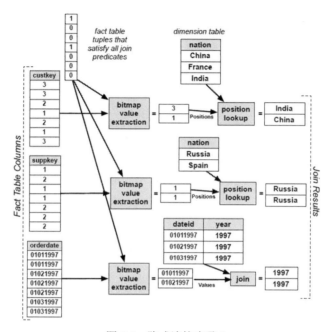

图 7-8　隐式连接步骤 3

前面列式存储的优点中，(3)、(4)、(5)点需要配合向量执行引擎才能发挥出来。

AntDB 中列式存储采用写优化的行列混存格式，本质上就是 LSM Tree 和 Parquet 的结合体，其结构如图 7-9 所示。

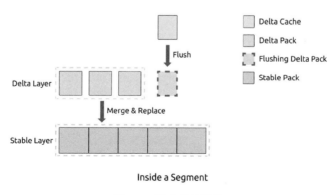

图 7-9　列式存储结构

Pack 也可以称为行组（Row Group），通常一个 Pack 包含 8K 行或者更多的数据。每个 Pack 内按列连续存储称为列块（Column Chunk），Pack 除了主键列（Primary Keys，PK）以及 Schema 包含的列之外，还额外包含 Version 列和 Del_mark 列。Version 就是事务的 Commit 时间戳，通过它来实现 MVCC。del_mark 是布尔类型，表明这一行是否已经被删除。

Delta Layer 相当于 LSM Tree 的 L0，它可以认为是对列存表的增量更新，所以命名为 Delta。与 LSM Tree 的 MemTable 类似，最新的数据会首先被写入一个称为 Delta Cache 的数据结构，当写满之后会被写入磁盘上的 Delta Layer。而当 Delta Layer 写满之后，会与 Stable Layer 做一次 Merge 得到新的 Stable Layer。

Stable Layer 相当于 LSM Tree 的 L1，是存放列存表大部分数据的地方。Stable Layer 同样由 Pack 组成。不一样的是 Stable Layer 中的数据是全局有序，而 Delta Layer 则只保证 Pack 内有序。原因很简单，Delta Layer 的数据是从 Delta Cache 写下去的，各个 Pack 之间会有重叠；而 Stable Layer 的数据则经过了 Delta Merge 的整理，可以实现全局有序。

2. 分布式执行引擎

当前 AntDB 的分布式执行引擎采用经典的迭代模型（Iterator Model）又称火山模型（Volcano Model）。执行计划中的每个算子都需要实现 next 函数，上游算子每一次递归调用，内部都会调用其输入的 next 函数，再层层返回结果。PostgreSQL、MySQL、SQL Server、DB2、Oracle 等传统关系型数据库基本都采用这种计算模型。如图 7-10、图 7-11 所示是迭代模型实现两表 join 操作的处理流程。

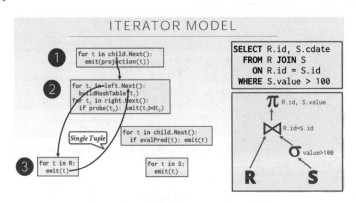

图 7-10 迭代模型 join 操作遍历左表

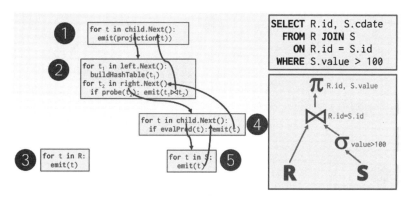

图 7-11 迭代模型 join 操作遍历右表

迭代模型简单灵活，且不用占用过多的内存。在当时内存是非常昂贵的，迭代模型将更多的内存资源用于 I/O 的缓存设计，而没有用于优化 CPU 的执行效率，这在当时的硬件基础上是自然的权衡。但是在 CPU 的硬件环境与大数据场景下，性能表现却不尽如人意。究其原因，主要有如下几点：

● 每次next都是一次虚函数调用过程，是被动拉数据，编译器无法对虚函数进行inline优化，同时也带来分支预测的开销，且很容易预测失败，导致CPU流水线执行混乱。

● Volcano Style的代码对数据的局部性并不友好，往往造成cache miss。CPU cache存储着连续数据空间，每次可以对连续数据进行集中处理，将收益最大化。而迭代模型每次调用只处理一行。

鉴于迭代模型每次只处理一行数据，而 next 调用代价又比较高，选用块存取和块计算对列存储而言能发挥更大优势。所以向量化模型（Vectorized Model）在业界应运而生。

向量化模型和迭代模型类似，每个算子都需要实现一个 next 函数，但是每次调用 next 函数会返回一批元组（tuples）而不是一个元组。在算子内部，每次循环都会处理多个元组。批次的大小可以根据硬件或者查询数据进行配置。向量化模型实现两表 join 操作的处理流程如图 7-12 所示。

向量化模型更适合与列式存储搭配使用，以提高 OLAP 查询性能。因为算子每次执行的时候都会在内部攒一批数据，大大提高了 CPU 缓存和高速缓存的命中率，且减少了虚函数调用的次数。此外，还可以基于 SIMD 向量化指令操作的思想去重构整个表达式计算，充分发挥 SIMD 指令并行计算的优势。

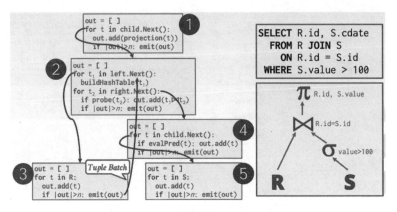

图 7-12　向量化模型 join 处理流程

7.2　分布式数据库的热点技术

随着大数据技术在各个领域的应用，数据的格式多种多样，对数据处理的需求也层出不穷，尤其是在物联网、AI、知识图谱、区块链、云原生等新兴领域，需要赋予数据库新的能力，开源社区针对这些新兴领域，提出各种新型数据库，比如时序数据库、图数据库等，AntDB 后续会借鉴这些开源数据库的设计思想在分布式数据库中实现相应功能。

下面举例说明 AntDB 应对各个新兴领域所做的改造和优化方案。

7.2.1　时序数据处理

近几年 IoT、IIoT、AIoT 和智慧城市快速发展，时序数据库成为数据库领域的一个热门话题。根据国际知名网站 DB-Engines 数据显示，时序数据库在过去 24 个月内排名高居榜首（如图 7-13 所示），且远高于其他类型的数据库，可见业内对时序数据库的迫切需求。

在 DB-Engines 的时序数据库排行榜中，InfluxDB 一直位居榜首。InfluxDB 从 2013 年诞生至今，已深耕时序数据处理行业多年，见证了整个时序数据库发展的历史。从最初的设备监控，扩展到日志采集、事件追踪、用户评论甚至金融分析等，无处不在。

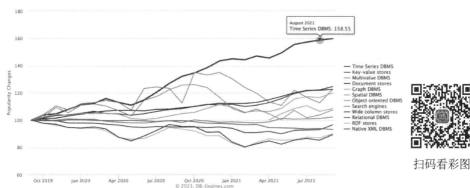

图 7-13 DB-Engines 过去 24 个月数据库趋势图

近年来，随着物联网时代的到来，时序数据加速膨胀，无论数据规模还是应用场景，相比 10 年前，都发生了巨大变化。5G 普及带来千万级设备的实时监控和智能网管，互联亿级异构设备的智能家居场景需要处理频率、指标数量和质量均参差不齐的数据采集和分析，车联网、自动驾驶正在应对书签指标高频率采集和实时决策，类似的场景和挑战在每个行业中都在发生。当前所有时序数据库已经无法满足未来持续演进的趋势。

2020 年底，InfluxDB 官方启动"氧化铁（Iron Oxide）项目"，打造下一代时序数据库 InfluxDB IOx，为了更好地分析新时代的时序数据，InfluxDB IOx 列举了新一代时序数据库的设计目标，如图 7-14 所示。

InfluxDB IOx设计目标	描述
No limits on cardinality. Write any kind of event data and don't worry about what a tag or field is	无限基数/设备数
Best-in-class performance on analytics queries in addition to our already well-served metrics queries	一流查询分析性能
Separate compute from storage and tiered data storage. The DB should use cheaper object storage as its long-term durable store	存储计算分离，多级存储
Operator control over memory usage. The operator should be able to define how much memory is used for each of buffering, caching, and query processing	内存管理
Operator-controlled replication. The operator should be able to set fine-grained replication rules on each server	副本管理
Operator-controlled partitioning. The operator should be able to define how data is split up amongst many servers and on a per-server basis	分区管理
Operator control over topology including the ability to break up and decouple server tasks for write buffering and subscriptions, query processing, and sorting and indexing for long term storage	灵活执行器
Designed to run in an ephemeral containerized environment. That is, it should be able to run with no locally attached storage	容器化
Bulk data export and import	批量数据导入导出
Fine-grained subscriptions for some or all of the data	订阅
Broader ecosystem compatibility. Where possible, we should aim to use and embrace emerging standards in the data and analytics ecosystem	新生态
Run at the edge and in the datacenter. Federated by design	云边一体，数据联邦
Embeddable scripting for in-process computation	嵌套脚本分析

图 7-14 InfluxDB IOx 新一代时序数据库的设计目标

InfluxDB IOx 将自己定位为面向分析的列存数据库，而不仅仅是原有专用时序数据库。InfluxDB IOx 为了更好地满足设计目标，采用 Rust 语言，尽可能复用开源组件。架构上采用存储计算分离，所有状态持久化到对象存储，保证计算资源调度的灵活性。存储引擎采用"Apache Arrow+Parquet"的经典组合，回归关系模型，通过列式存储、稀疏索引降低存储开销。计算引擎核心采用 Data Fusion，查询接口兼容标准 SQL，优化器和执行器泾渭分明。由此可见，InfluxDB IOx 和分析型关系数据库已经没有本质上的区别了。

AntDB 在时序数据处理方面是直接按照下一代时序数据库的标准去做的：7.1.2 节里提到的写优化的行列混合存储，相当于"InfluxDB IOx 的 Apache Arrow+Parquet"存储组合。AntDB 本身就有基于 SQL 的分布式执行引擎，再加上 7.2.2 节将提到的流式计算，可以灵活处理时序数据的持续聚集以及在线分析功能。此外 AntDB 还会采用存储计算分离架构，把数据存储在分布式块存储和对象存储上，支撑超大规模数据量。

7.2.2 流式计算

时序数据库的持续聚集和实时数仓的实时分析都会用到流式计算，流式计算属于分布式计算框架，在 Hadoop 生态圈中流式计算框架比较丰富，如 Storm、Spark Streaming、Flink、Kafka Streams、Heron 等。

最近几年随着 SQL 的回归，流式计算也开始向数据库方向发展，陆续出现几个流数据库，如 HStreamDB、Materialize 等，流数据库对外 SQL 接口，使用流数据库进行流式计算就像操作传统数据库一样方便。数据库中 SQL 语句经过解析器解析和优化器优化后转换成执行计划树，执行计划树的结构和流式计算框架中的拓扑图结构非常相似，因此流式计算系统可以做成数据库的样子对外提供 SQL 接口。标准 SQL 语句转换成的执行计划树是有向无环图（Directed Acyclic Graph，DAG），复杂的流式计算框架，比如 Flink 拓扑图可以是环状的，称为有向循环图（Directed Cyclic Graph，DCG），针对这些情况需要对标准 SQL 语法做一下扩展。下面是流数据库 Materialize 用 SQL 语句进行流式计算的例子，如图 7-15 所示。

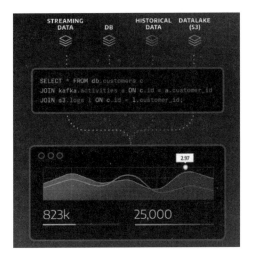

图 7-15　Materialize 多数据源多流数据合并计算的 SQL 语句

Materialize 的成功说明把流式计算框架做成 SQL 执行引擎技术上可行。AntDB 后续也会借鉴 Materialize 的实现原理在分布式 SQL 执行引擎中加入流式计算能力。

7.2.3　全文检索、地理空间信息、图形关系处理

PostgreSQL 中 FTS（Full Text Search）引擎配合 gin 和 rum 索引，能快速进行全文检索；PostGIS 扩展是业界非常成熟的地理空间数据处理系统；AgensGraph 是基于 PostgreSQL 开发的新一代多模图数据库，同时支持 SQL 和 Cypher 混合查询，在创建、修改、查询图形数据方面带来最佳性能。

以上这些功能都是基于 PostgreSQL 实现的并且都比较成熟。可见在数据库中实现全文检索、地理空间信息处理和图形关系处理不是难事，AntDB 后续会在数据库内实现分布式全文检索、地理空间信息处理和图形关系处理功能。

7.2.4　库内机器学习

2018 年英国《经济学人》杂志将数据称为"21 世纪的石油"，分布式数据库中存储了海量数据，客户都希望在数据中挖掘更多有价值的信息，这就涉及机器学习，在 Hadoop 生态圈常用的做法是借助 Spark/Flink 计算引擎，但是

用 Spark/Flink 访问数据库非常不方便，数据从数据库加载到 Spark/Flink 再做计算影响性能且对内存容量要求较高，所以数据库内部机器学习就成了数据库专家重点突破的对象。

2009 年 MAD Skills 在 VLDB 的发表和 2011 年 MADlib 项目的诞生可以说是库内机器学习的里程碑。MADlib 是由 Pivotal Greenplum DB 团队和高校联合研发的，参与的大学包括伯克利大学加州分校、斯坦福大学、威斯康星麦迪逊大学、佛罗里达大学。2017 年 MADlib 正式上线运行成为 Apache 顶级项目。

MADlib 支持在 PostgreSQL 和 Greenplum 数据库内机器学习，提供了丰富的分析模型，包括回归分析、决策树、随机森林、贝叶斯分类、向量机、风险模型、KMEAN 聚集、文本挖掘、数据校验、图计算等，新版的 MADlib 甚至还包含 Keras 和 TensorFlow 框架。

MADlib 的成功说明数据库内分析是一个必然的发展趋势，因为 SQL 是被实践证明的数据处理第一语言，AntDB 的并行计算框架和 Greenplum 差不多也采用 scatter/gather 机制，所以 MADlib 只需做少量修改即可用于 AntDB 实现分布式数据库内机器学习和深度学习。

7.2.5 向量相似度查询

在 AI 领域人脸识别、物体识别、语音识别、知识图谱等，都是通过深度学习算法提取特征向量，特征向量的维度非常高，查询的时候通过比较查询向量和目标向量的余弦相似度取相似度最大的 N 条记录返回结果。过程如图 7-16 所示。

由于特征向量维度非常高（512 维浮点型，甚至更高），而且数据库内保存的数据量非常多，通过暴力方式比较余弦相似度显然性能极其低下，业界常用的做法是通过硬件加速，比如 FPGA 加速，把浮点型数据转成 int8，然后把数据预加载

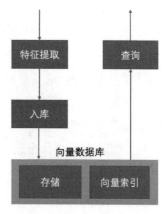

图 7-16　向量数据库

到 FPGA 内存中，查询时通过 FPGA 高并发的能力快速计算余弦相似度。硬件加速方法有两个缺点：第一，成本高，需要 FPGA 和大容量内存；第二，处理不了海量数据，毕竟内存容量有限，无法预加载海量数据。

在 AntDB 中，采用向量索引实现快速相似度查询。向量索引是 AntDB 团队自研的针对高维向量相似度查询而设计的索引结构，查询时间复杂度为 K×LogN，其中 K 是常量 15，假设数据库中有 10 亿特征向量，索引相似度查询只需进行 450 次计算，相比暴力计算的 10 亿次，性能提升数个量级。由于索引是保存在磁盘上的，可以存储海量数据。而且该方案不需要 FPGA 和大容量内存，成本很低。

7.2.6　区块链

区块链技术是比特币的底层技术和基础结构，比特币是区块链的第一个应用，区块链本质上是一个去中心化的分布式数据库，但是和分布式数据库还是有一些微妙的差异，下面分别从复制（Replication）、并发（Concurrency）、存储（Storage）、分片（Sharding）四个维度来分析区块链和分布式数据库相比在技术上的异同。

1. 复制

对数据进行复制是防止节点失效的一种最直接和有效的手段。然而复制带来的一个严重的问题就是数据一致性。解决数据一致性问题的一个关键技术就是共识算法，保证在一定的网络和容错假设下节点之间的数据一致性和活性。针对不同的网络和容错假设，适用的共识算法也不同。在传统的分布式数据库中，只需要容忍节点宕机，主要采用 Raft、Paxos 等经典共识算法。然而在区块链中，由于要容忍节点的拜占庭行为（数据被篡改），因此不得不采用代价更高的 PBFT、PoW 等共识算法。

2. 并发

为了提高系统的吞吐量，将多个交易或指令并行处理是在数据库领域非常重要的技术之一。由于不同交易可能在同一个数据对象上进行操作，因此如何在并行处理的同时保证执行的正确性即并行控制（Concurrency Control）一直是数据库领域的一个研究热点。并行控制的目标就是使交易的执行实现一定的"隔离性（isolation）"，也就是说让交易在并行执行的时候好像感受不到其他交易的存在。在性能和正确性之间做取舍时可以将数据库分成不同的隔离级别，由低到高分别为 Read uncommitted、Read committed、Repeatable read、Serializable，对应的性能也逐渐下降。产品级别的数据库一般都提供多种隔离级别。

在现有的大部分区块链中，交易仍然是串行执行的。区块链对并行的支持并不友好，其中一个原因在于在现有的一些区块链中，执行层还不是瓶颈。例如，在比特币中，一个区块的执行时间在毫秒级，相比于 10 分钟的区块产生时间，执行部分几乎可以忽略不计。除此之外，在一些支持智能合约的区块链中，交易之间往往共享合约的状态，为了保证交易执行结果的确定性（Deterministic），串行执行往往是最简单和保险的方式。

3. 存储

区块链是一个 append-only 的账本，包含从创世区块开始到最新的区块中包含的全部交易历史，这也就导致了很多主流的区块链的存储量动辄就要上百 GB。为了支持真实性验证，区块链一般采用类似 Merkle Tree 的数据结构存储区块中的交易数据。例如，以太坊采用了 Merkle Patricia Trie（MPT）存储所有账户的状态。然而在大部分的数据库中，除非有特殊的 provenance 需求，否则用户一般只能访问最新的数据。历史数据会以 log 的形式保存一段时间供节点失效恢复的时候使用，但会被定期清理掉以节省存储空间。另外，由于分布式数据库更在乎性能，因此在建立索引的时候会根据硬件的性质进行特殊的优化。例如，数据在硬盘中一般会以"B+ 树"的数据结构存储，而在内存中则用对多核并行和缓存更加友好的 FAST 或 PSL 等结构。

4. 分片

分片技术是分布式数据库中提高可扩展性的一项关键技术。通过将数据分散地交给不同分片（shard）处理，系统可以达到 scale-out 的效果，也就是说，随着用户和数据量的不断增多，系统整体的吞吐量也随之接近线性增长，分片本身带来的 overhead 几乎可以忽略不计。

然而在区块链中引入分片并不简单，主要面临两方面挑战：第一，如何进行分片？区块链需要容忍拜占庭错误，而这依赖一个大前提，即网络中一定比例的节点是诚实的。例如，在 PoW 中要求总算力的 50% 是诚实的，而 PBFT 则要求超过 2/3 的节点数是诚实的。在将区块链的网络进行分片时就需要保证每个分片的安全假设都是成立的，一旦有一个分片 的安全前提不成立，那么整个系统的安全性都无法保证。然而由于在分片的时候一般都是随机将节点分配到不同的分片，这就要求总结点数规模要足够大，而且分片的个数不能过多，这样才能保证每个分布中有足够数量的节点保证安全前提能够成立。

第二，如何保证 shard 之间的原子性？即一笔交易要么在所有分片都提交，要么在所有分片都终止。在传统的分布式数据库中，这一原子性一般由两阶段提交（2 Phase Commit，2PC）协议来保证，其中需要依赖一个中心化的 Coordinator 来执行。然而在区块链中，由于没有中心化的 Coordinator 存在，则需要引入一些外部的 BFT 协议来统筹 cross-shard 的交易。例如，以太坊 2.0 中的 Casper 协议。

随着区块链技术逐渐落地，无论是工业界还是学术界都在致力于提高区块链的性能，其中借鉴分布式数据库中成熟的技术则是最简单和保险的做法。例如，BlockchainDB 和 FalconDB 就在区块链系统的基础上引入数据库的 feature，使得互不信任的多方可以共同参与维护一个可验证的数据库。

另外，区块链所具备的一些安全特性也受到了一部分数据库设计者的青睐，使得一些新型的更加追求安全性的数据库也具备了区块链的基因。例如，Blockchain Relational Database 就是在 PostgreSQL 的基础上引入区块链中的所具备的去中心化和可追溯的特性所设计的新型关系数据库（详情参见论文 *Blockchain Meets Database*：*Design and Implementation of a Blockchain Relational Database*。这为将来 AntDB 融合区块链特性提供了很好的理论依据。

7.2.7　存储计算分离

随着云时代的到来，各种应用纷纷上云，数据库也开始步入云数据库时代，业界比较知名的云原生数据库有 Snowflake（OLAP 类）和 Amazon Aurora（OLTP 类），国内也有几家公司正在开发云原生数据库。

云原生数据库的重点在存储计算分离，众所周知数据库上云的痛点在于数据如何存储，如果数据存储在宿主机本地磁盘，则不能灵活地转移故障，所以需要把数据存储到分布式共享存储上。如果把分布式共享存储挂载为本地磁盘或目录，虽然技术上可行，但是会带来两个问题：第一，数据冗余过多，分布式共享存储本身 1 ：*n* 副本，数据库为了高可用也是 1 ：*n* 备份，那么总体就会导致太多冗余；第二，读写性能损失，同样数据，读写分布式共享存储性能略低于读写本地磁盘。所以需要针对分布式共享存储对数据库架构做相应的改造，如图 7-17 所示是存储计算分离的数据库架构，称为 Shared-Storage/Shared-Everything。

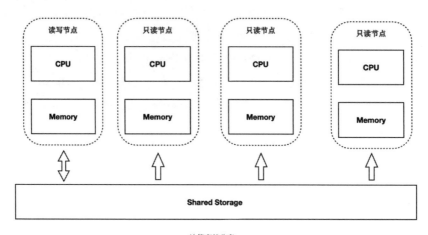

图 7-17　存储计算分离数据库架构

主节点（读写节点）和从节点（只读节点）共享一份存储数据和 WAL 数据，那么主节点刷脏不能再用传统的刷脏方式，从节点的 WAL 回放也不能用传统回放方式。存储计算分离带来以下几点优势：

● 容量交给分布式共享存储管理，可以做到在线扩缩容，且容量无上限。

● 主从共享一份存储和WAL，可以做到主从数据毫秒级延迟。

● 经过刷脏优化、回放优化以及基于提交时间戳的MVCC机制优化，性能比单机数据库提升几倍。

从图 7-17 可以看出存储计算分离数据库的缺点也很明显：其计算能力、写入能力依然存在单机上的上限（一主多从）。

AntDB 目前的架构是典型的 Sharded-Nothing 架构，使得包括计算、写入、读取、存储等在内的所有资源都具备了可水平扩展的能力，因此不会存在单机的瓶颈上限。但是，Sharded-Nothing 架构在单纯的数据容量的弹性上，是不如 Shared-Storage 架构的。

两种架构及其优缺点比较如图 7-18 所示。

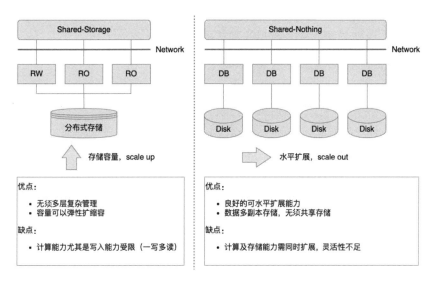

图 7-18　两种架构及其优缺点比较

那么，有没有可能将 Shared-Nothing 的优势与 Shared-Storage/Shared-Everything 的优势结合呢？答案是肯定的。Shared-Nothing 和 Shared-Storage 结合后的架构，如图 7-19 所示。

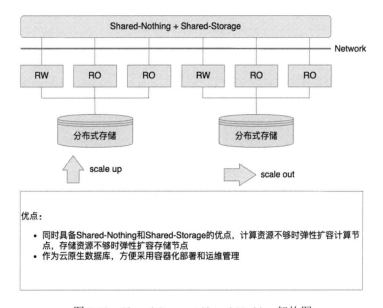

图 7-19　Shared-Storage+Shared-Nothing 架构图

就是把 AntDB 的 DN 节点换成 Shared-Storage 架构的数据库，这样带来两个方面的好处：

- 当计算能力不足时，可以单独扩展计算集群。
- 当存储容量不足时，可以单独扩展存储集群。

这套同时具备 Shared-Nothing 和 Shared-Storage 优势的架构为分布式存储计算分离架构。AntDB 计划要把 DN 节点改造成 Shared-Storage 架构，数据存放在 Ceph、Gluster、MinIO 等开源的分布式共享存储上。

7.2.8　插件化

如果将以上所有优化和功能做到一个数据库里，会让数据库变得异常庞大，对一些功能比较单一的业务系统来说大而全的数据库对学习和维护都会造成负担，所以接下来要做的是插件化，即把以上的优化和功能做成扩展插件，根据业务需求启用插件，确保数据库体态轻盈功能强大。下面按照优先级排列各个功能插件化的先后顺序：

- 分布式事务插件化。
- 分布式执行器插件化。
- sharding/metadata管理插件化。
- Paxos/Raft共识协议流复制插件化。
- 列式存储插件化。
- 全文检索、时序数据处理、流式计算引擎、图形处理、地理信息处理、机器学习库、向量索引插件化。
- 区块链存储和拜占庭容错共识复制插件化。
- 存储计算分离功能插件化。

7.2.9　超融合

数据库领域图灵奖获得者 Jim Gray 说过："所有的存储系统最终都会演变成数据库系统。（All storage systems will eventually evolve to be database systems.）"不同细分领域的数据库底层数据文件的存储格式有所不同，但是它们最终都会往标准数据库系统靠拢，或多或少都会借鉴标准数据库系统的优点，因为标准的数据库系统有强大的理论基础。而且事实证明 SQL 是最好的数据处理语言，最终数据库提供对外的接口必定是 SQL 语言，其基本功能一样，无非针对不同特性存储格式不同而已。所以不同功能的数据库最终会融合到一起。

超融合是数据库技术发展的必然趋势，2011 年，451Research 提出的 NewSQL 为 OLTP 和大数据的融合；2015 年，Gartner 提出的 HTAP 为 OLTP 和 OLAP 的融合；2020 年，Databricks 提出的 Lakehouse 为数据仓库和数据湖融合。数据库发展逐渐从两两融合走向超融合，预计不出几年，超融合数据库技术将实现产品化和商业化。

超融合数据库通过融合多种技术于一体，可以带来以下 4 个好处：

- 架构简洁：大大简化技术栈，降低系统复杂度，降低运维复杂度，提升开发效率，让开发人员专注在业务逻辑上，把数据处理工作的主体交给数据库，实现数据处理和业务逻辑的松散耦合。

- 性价比高：无须采购和运维众多产品，大幅降低产品开销和运维开销，避免数据过量冗余存储。

- 业务迭代和创新：精简的技术栈使得应用开发人员可以集中精力在业务逻辑上而不是数据处理上，业务迭代更快，为业务创新赋能。

- 提升用户体验：精简的技术栈易于驾驭，故障率低，最终用户体验好。

AntDB 通过灵活和强大的模块化和插件化实现超融合功能。通过模块化和插件化，AntDB 可以支持不同的场景，比如可插拔存储器可以使用行存储引擎支持 OLTP，使用列存储引擎支持 OLAP，使用时序存储引擎支持时序数据场景，使用 kv 存储引擎支持图形关系处理场景，使用向量索引插件支持高维特征向量相似度比对，使用多态存储框架可以同时支持存算一体和存储计算分离，使用自定义类型、自定义函数和自定义聚集以及 MADlib 库支持数据库内机器学习和深度学习。用户可以根据需要启动相应的插件。